AF389976

LIBRAIRIE DE MADAME HUZARD,
Rue de l'Éperon, n°. 7, à Paris.

DE LA
GÉNÉRATION,

PAR

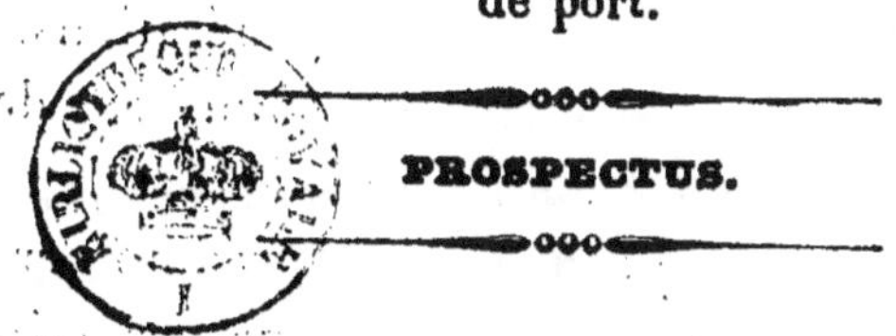

CORRESPONDANT DE L'ACADÉMIE ROYALE DES SCIENCES, DU CONSEIL ROYAL ET DE LA SOCIÉTÉ ROYALE D'AGRICULTURE, MEMBRE DE LA SOCIÉTÉ CENTRALE D'AGRICULTURE DU DÉPARTEMENT DE L'AVEYRON, etc.

Un vol. in-8°. Prix, 5 fr. 5o c. et 6 fr. 75 c. franc de port.

PROSPECTUS.

Dans cet ouvrage sont consignés les faits observés par l'auteur, et ses expériences, relativement à l'influence des rapports d'âge, de force, de tempérament, entre le père et la mère, sur les formes et le sexe de leurs produits.

Ces faits très-nombreux et qui, depuis quelques années, fixent l'attention des savans, ont donné naissance à une théorie de la génération, par laquelle sont résolus tous les phénomènes connus de la reproduction, et qui peut servir de guide dans les expériences que l'on voudrait encore faire, soit sur la propagation des formes, soit sur la procréation des sexes.

Quoique des questions scientifiques soient traitées dans le livre dont nous annonçons la publication, il est, dans sa partie positive et la plus essentielle, à la portée de tout le monde. Chacun peut, après l'avoir lu, savoir ce que l'on doit espérer ou craindre, dans les résultats ultérieurs du mariage, de ces rapports d'alliance, auxquels on donne ordinairement trop peu d'attention et dont les suites deviennent bien souvent de fréquentes causes de chagrin ou de regrets, et s'étendent à plusieurs générations.

Le cultivateur trouvera dans cet ouvrage des règles de conduite pour l'appareillement de ses bestiaux et les moyens de faire prédominer à volonté l'un ou l'autre sexe dans leurs produits.

Ouvrages du même Auteur qui se trouvent chez Mme. HUZARD :

MÉMOIRES SUR LES POILS, in–8°. Prix, 1 f. 5o c., et 1 f. 75 c. par la poste.

ESSAI SUR LES MÉRINOS, 2 f. 5o c., et 2 f. 8o c.

ESSAI SUR LA DIVISION INDÉFINIE DES PROPRIÉTÉS, in–8°. 1 f. 5o c., et 1 f. 75 c.

Imprimerie de Madame HUZARD (née VALLAT LA CHAPELLE), Rue de l'Éperon Saint-André-des-Arts, n°. 7.

IMPRIMERIE de Mme. HUZARD (née VALLAT LA CHAPELLE),
Rue de l'Éperon, n°. 7.

DE LA
GÉNÉRATION,

PAR

M. Ch. Girou de Buzareingues,

CORRESPONDANT DE L'ACADÉMIE ROYALE DES SCIENCES, DU CONSEIL ROYAL ET DE LA SOCIÉTÉ ROYALE D'AGRICULTURE, MEMBRE DE LA SOCIÉTÉ CENTRALE D'AGRICULTURE DU DÉPARTEMENT DE L'AVEYRON, ETC.

> « Voyons en général les phénomènes de
> » la reproduction; rassemblons des faits
> » pour nous donner des idées, et faisons
> » l'énumération des différens moyens dont
> » la nature fait usage pour renouveler les
> » êtres organisés. »
>
> BUFFON, *Hist. nat.*

PARIS,

MADAME HUZARD (NÉE VALLAT LA CHAPELLE),

LIBRAIRE, RUE DE L'ÉPERON, N°. 7.

1828.

AVANT-PROPOS.

Vu dans les premiers linéamens de l'embryon, l'animal qui appartient à une organisation élevée est bien loin des formes qu'il doit affecter un jour. L'observation nous le montre d'abord sous des formes rudimentaires peu distantes des types les moins perfectionnés, mais que l'évolution amène au type qu'elles doivent représenter, en suivant la marche que peut avoir suivie l'évolution même du règne animal (*a*).

(*a*) Voyez l'*Anatomie comparée du cerveau*, par M. Serres, et les *Mémoires sur la génération*, de MM. Prévôt et Dumas, insérés dans les *Annales des sciences naturelles*.

Je n'entends pas décider si le règne animal a été formé tel qu'il est, ou s'il est le produit du perfectionnement de ses plus simples sujets. L'un peut être certain sans

Il peut donc être utile de se faire une idée, ou de se livrer d'abord à l'étude des perfectionnemens de la vie et des progrès ou des phases de l'organisation, afin d'en pouvoir déterminer, avec plus de certitude, les modes ou les lois de reproduction.

Je ne puis qu'exposer ici le résultat de mes observations. Plusieurs de mes idées paraîtront d'abord hypothétiques ; mais il est possible qu'elles reçoivent de leur ensemble le caractère de la vraisemblance, et c'est peut-être l'unique succès auquel il me soit encore permis de prétendre. Si je l'obtiens, cependant, l'importance du sujet m'en fait espérer un

---

que l'autre cesse d'être possible. Une cause première peut avoir formé d'un seul jet, ou à diverses époques, les corps organisés, tels qu'ils fussent devenus avec le temps, sous les influences de leurs propres lois, et avoir soumis l'individu reproduit à suivre, dans son évolution, les diverses phases qu'eût dû suivre, d'après ces lois, l'évolution de l'espèce.

plus grand : ce que j'ai observé sera confirmé ou démenti par des observations
nouvelles, et le désir de combattre ou de
défendre ma théorie en multipliera les
preuves, ou enrichira la science de faits
nouveaux, auxquels est attachée peut-
être la solution du problème qui m'occupe, s'il ne m'a pas été donné de le résoudre.

Après avoir ébauché un aperçu critique des principaux systèmes sur la génération, je soumettrai au lecteur quelques idées sur les facultés vitales, sur
l'organisation, sur l'abstraction ou la division de la vie ; je passerai ensuite successivement à des considérations générales
sur les divers modes de reproduction, et à
des considérations particulières sur l'organisation de la faculté de se reproduire.
Je présenterai un Recueil d'observations
sur les rapports du descendant avec les
ascendans, ou avec les états relatifs de
ceux-ci, à l'époque de l'accouplement.
J'exposerai enfin mon système sur la gé-

nération, et j'en montrerai l'application soit théorique, soit pratique.

Je réunirai, dans des notes, les preuves, les explications, les développemens que j'aurai négligés, à dessein, dans le discours.

Qu'il me soit permis d'offrir, ici, des remercîmens aux personnes qui ont daigné m'encourager par leurs suffrages. J'eusse pu m'enorgueillir de leur approbation : j'ai été touché de leur bienveillance. Puissé-je justifier l'une et l'autre par ce travail !

L'un de MM. les Rédacteurs des *Annales des sciences naturelles* a bien voulu joindre ses idées théoriques sur la génération à mes Observations sur la reproduction des animaux domestiques : je l'en remercie. Ma théorie ne diffère, au fond, de la sienne qu'en ce que, d'après lui, les formations reproductrices de la femelle sont purement cellulaires ou vasculaires, et celles du mâle purement nerveuses; tandis que, d'après moi, la fe-

melle produit, comme le mâle, des représentations nerveuses ou de la vie d'organisation, complètes ou susceptibles de
le devenir par l'évolution, mais plus
muqueuses que celles du mâle, lesquelles sont plus fibreuses que celles de
la femelle. Je crois, en outre, que la
femelle seule produit les formations cellulaires destinées à recevoir les représentations nerveuses. Cette légère modification à ses idées lui eût paru, ainsi qu'à
moi, sans doute, commandée par les phénomènes, si son attention eût été, aussi
long-temps que la mienne, occupée des
nuances qui les distinguent, les divisent et en augmentent le nombre.

Nous sommes parvenus l'un et l'autre à
des résultats à-peu-près semblables; lui, en
questionnant les rudimens du fœtus ou
les élémens du fluide qui concourt à
le former; moi, en observant les rapports du descendant avec les ascendans.
La concordance des idées auxquelles nous
ont amenés deux voies si différentes d'in-

vestigation les recommande, si je ne m'abuse, à l'attention des naturalistes.

Si je marche d'un air assuré dans une route semée d'obstacles et tracée par de nombreuses et trop souvent inutiles recherches ; si je prends le ton affirmatif, même dans les questions les plus difficiles et sur les propositions les plus douteuses, ce n'est pas que j'ignore combien une timide circonspection me serait mieux séante et plus utile; mais il m'importe d'être concis, et je serais nécessairement très-long si j'hésitais à chaque pas, si j'entreprenais de prouver tout ce qui peut m'être contesté, si je délibérais enfin, au lieu de résoudre.

Je considérerai donc souvent comme prouvé ce qui me paraît pouvoir l'être, sauf à mentionner dans les notes les motifs de ma conviction. Je crois à l'enchaînement de mes principales idées; elles me paraissent sur-tout d'accord avec les faits que j'ai tâché de bien observer, et c'est pourquoi je me détermine à les pu-

blier. Il me semble que les phénomènes peuvent être expliqués comme je les
explique ; mais je n'ai garde d'affirmer
qu'on ne puisse en donner une meilleure
solution.

Je ferai en sorte d'être clair ; mais, par
la nécessité d'être encore concis, je serai
sans doute quelquefois abstrait, et je ne
pense pas qu'il me soit possible de dis-
penser le lecteur d'être attentif.

Les personnes qui auront lu, sur ce
même sujet, un Essai qui a paru en 1826,
dans la *Feuille villageoise de l'Aveyron*,
remarqueront peut-être que j'abandonne ici quelques idées, quelques expressions, que j'avais adoptées alors, et
que je me réforme moi-même. Pourra-
t-on cependant me reprocher cet hom-
mage rendu à la vérité, ou à ce que je prends
pour elle ? Les théories scientifiques ne
doivent-elles pas changer jusqu'à ce qu'elles
soient exactes, et l'auteur d'une de ces
théories ne doit-il pas être à lui-même le
plus sévère des critiques, et mettre sa

gloire à signaler, le premier, ses propres erreurs ? Si j'en apercevais encore dans mon ouvrage, je m'empresserais de les effacer, ou d'en faire l'aveu, lors même que je serais certain qu'elles eussent échappé toujours à tout le monde.

DE
LA GÉNÉRATION.

CHAPITRE PREMIER.

*Aperçu critique des principaux systèmes sur
la génération.*

HIPPOCRATE a supposé deux liqueurs séminales
dans chaque sexe, une plus forte et une autre
plus faible. En se combinant, les deux liqueurs
fortes produisent des mâles, et les faibles, des
femelles : chaque sexe possède donc une semence mâle et une semence femelle. Ce grand
observateur avait déjà senti la nécessité d'attribuer à chaque sexe le pouvoir de procréer
les deux sexes. Il avait remarqué que plusieurs
femmes qui n'avaient eu que des filles d'un
premier mari avaient eu des garçons d'un second, et que des hommes qui n'avaient obtenu que des filles d'une première femme

avaient eu des garçons d'une deuxième. Ces faits, s'ils n'étaient accompagnés d'autres faits sur les ressemblances, ne seraient pas suffisans pour justifier l'hypothèse des deux liqueurs dans chaque sexe, puisqu'une forme qui résulte de deux formes combinées peut être déterminée par la prédominante de celles-ci, et naître par conséquent du rapport des puissances procréatrices. Mais Hippocrate avait peut-être remarqué aussi que, très-souvent, le fils ressemble à la mère et la fille au père, tant par la vie intérieure que par la vie extérieure. Fallait-il cependant, pour former un mâle ou une femelle, combiner nécessairement une semence mâle avec une semence mâle, ou une semence femelle avec une semence femelle? Et un mâle ne peut-il résulter de la combinaison des deux formes sexuelles, où celle du mâle prédomine du moins sous les rapports qui influent sur l'organisation spéciale du sexe masculin?

Si l'individu est constamment formé de la réunion de deux êtres du même sexe, d'où lui viendra le pouvoir de procréer les deux sexes? *Nemo dat quod non habet.*

Aristote, frappé de la ressemblance générale des produits avec le père, a supposé que la femelle ne fournissait que la matière, et que le mâle donnait la forme. Ce naturaliste a méconnu le fait très-constant et très-fréquent de la transmission des formes maternelles.

L'idée principale d'Hippocrate que le fœtus résulte de la combinaison de la liqueur séminale du mâle avec celle de la femelle, a été adoptée par Galien et en général par les médecins, comme celle d'Aristote l'a été par les scolastiques.

Descartes, cependant, a admis les deux liqueurs séminales, et a voulu expliquer l'organisation par les seules lois du mouvement; et Harvey a rejeté non-seulement la liqueur séminale de la femelle, mais encore l'action immédiate de celle du mâle.

Les anatomistes ont négligé l'étude des rapports entre le père et la mère et les produits; comme les anciens philosophes avaient négligé, ou n'avaient pas assez connu, les détails anatomiques.

Avant Harvey, Fabrice d'Aquapendente, Aldrovande, Volcher Coiter, Parisanus avaient fait des expériences et des observations sur les œufs de la poule; et le premier de ceux-ci avait été conduit à ce sentiment, que le germe est contenu dans ces cordons qu'on appelle *chalazes,* et qu'il est fécondé, non par le sperme du mâle, mais par un esprit séminal qui s'en dégage. Le siége même du germe est aujourd'hui mieux déterminé; et quant à l'esprit séminal, les expériences de Spallanzani et celles de MM. Prévôt et Dumas l'ont écarté pour toujours.

Harvey, qui s'est livré aussi à des observations sur le poulet dans l'œuf, a aperçu que la cicatricule des œufs féconds se trouve encore dans les œufs inféconds. Il a pensé que l'homme et tous les animaux venaient d'un œuf. Cet œuf, il ne l'a jamais vu dans les ovaires; mais il a vu et les changemens que subit l'utérus après l'accouplement, et la formation, dans ce dernier organe, des membranes qui enveloppent le fœtus. Il n'a pas trouvé de sperme dans l'utérus; il est arrivé enfin à cette étrange conclusion, que la génération est l'ouvrage de la matrice, qui conçoit le fœtus, excitée seulement par la liqueur séminale du mâle, comme le cerveau conçoit les idées.

De Graaf a disséqué plusieurs lapines à différens intervalles après l'accouplement. Il a vu successivement les *follécules* qui sont à la surface des ovaires se développer, les cornes de la matrice envelopper l'ovaire, les *follécules*

privées de l'humeur limpide qu'elles contenaient, laquelle s'était échappée par une rup-
ture de ses enveloppes, et enfin des œufs gros
comme des grains de moutarde dans les cornes de la matrice. Le nombre de ces œufs était
le même que celui des follécules vides ; ils
étaient d'autant plus gros, que l'intervalle depuis l'accouplement était plus grand; ils s'at-
tachaient à la matrice et contenaient l'embryon. De Graaf a prétendu que ces œufs
étaient tout formés dans les ovaires (quoiqu'ils
lui parussent dix fois plus petits dans la matrice que dans l'ovaire), et qu'ils ne s'en dé-
tachaient qu'après avoir été fécondés, non par
la liqueur séminale du mâle, qu'il n'a jamais
vue dans la matrice, mais par l'*esprit* de cette
liqueur.

Malpighi a observé que la cicatricule des
œufs féconds était plus grande que celle des
œufs inféconds. Il a vu, dans la première,
l'embryon même avant l'incubation, tandis
qu'il n'a pu apercevoir rien d'organisé dans la
seconde. Il a trouvé dans les ovaires des mammifères, soit avant, soit dans l'âge adulte, des
vésicules de différentes grosseurs. Il a suivi les
développemens des corps glanduleux et jaunes
(follécules de de Graaf), vers le centre des-

quels il a aperçu une cavité pleine de liqueur. Il a cru en outre y distinguer quelquefois un petit œuf de la grosseur d'un grain de millet, il en a rapporté la formation au corps jaune.

Vallisnieri a fait vainement des expériences très-nombreuses pour s'assurer de l'existence de l'œuf dans le corps jaune ; il s'est aidé de la loupe, du microscope ; il a appelé à son secours Morgagni et les meilleurs anatomistes, le tout inutilement. Cependant, il est resté convaincu que l'œuf était caché dans le corps jaune, et que c'est là que se fait la fécondation, par *l'esprit* de la semence du mâle, qui donne le mouvement au fœtus déjà préexistant dans cet œuf. Selon lui, l'ovaire de la première femelle contenait, emboîtés les uns dans les autres, tous les produits qui devaient en descendre ; il a observé dans la brebis que le nombre des corps glanduleux des ovaires était égal à celui des fœtus, il l'a trouvé plus grand chez la truie ; l'ovaire d'une chienne qui avait fait cinq petits chiens, lui a présenté cinq corps jaunes, oblitérés et vides.

Verheyen a rencontré en abondance de la liqueur séminale dans la matrice d'une génisse qui venait de recevoir le taureau.

Ruysch, Fallope, Leeuwenhoeck ont fait des

observations analogues, les deux premiers sur des femmes, le dernier sur un grand nombre de femelles de toute espèce.

Hartsoëker et Leeuwenhoeck ont appelé l'attention sur les animalcules spermatiques, qu'à l'aide du microscope ils avaient aperçus en très-grand nombre dans la liqueur séminale du mâle, et dont l'existence a été constatée par une infinité d'observations.

Leeuwenhoeck a distingué, parmi les animalcules, des mâles et des femelles; et la fécondité qu'on avait jusque-là attribuée à la femelle exclusivement, a été déférée au mâle, mais Plantade, sous le nom de Dalempatius, a attaqué les animalcules avec l'arme trop redoutable du ridicule, et les a fait tomber.

Bonnet et Spallanzani ont adopté l'opinion de la préexistence des germes ; et, afin d'en assurer le triomphe, ce dernier s'est livré à une suite d'expériences très-curieuses, desquelles on peut déduire : 1°. que, comme les périspermes des plantes, les œufs de tous les animaux ne reçoivent pas un égal nombre d'enveloppes; 2°. que l'esprit ou la vapeur du sperme ne suffit pas à la fécondation, laquelle n'a lieu que par l'action même du sperme, quelque petite qu'en soit la quantité; 3°. qu'il est nécessaire que l'œuf, celui des batraciens du moins, ait passé dans l'oviducte, pour qu'il puisse être fécondé par le sperme du mâle ; car les tentatives de fécondation artificielle sur l'œuf situé dans l'ovaire, ou tiré de l'ovaire, ne lui ont pas réussi ; elles ont même été infructueuses à l'extrémité de l'oviducte voisine de l'ovaire.

Maupertuis a supposé qu'il y avait dans chacune des semences du mâle et de la femelle des parties destinées à former le cœur, la tête, les entrailles, les bras, les jambes. Chacune de ces parties a un plus grand rapport d'union avec celle qui, pour la formation de l'animal, doit être sa voisine, qu'avec toute autre ; et, obéissant à une puissance d'attraction, elles se réunissent et produisent le fœtus.

Buffon a cru apercevoir des animalcules dans la liqueur séminale de la femelle, tout aussi bien que dans celle du mâle, et ils n'ont été, à ses yeux, que de la matière organique ; il a nié l'existence des œufs dans les *testicules* de la femelle. D'après lui, la liqueur séminale est, en général, le superflu de la matière organique, qui est renvoyée de toutes les parties du corps dans les testicules et les vésicules séminales du mâle, dans les testicules et la cavité des corps glanduleux de la femelle. Les liqueurs séminales, tant du mâle que de la femelle, étant introduites dans l'utérus, se rapprochent et se combinent, en vertu des forces pénétrantes et agissantes qui président aux affinités chimiques. Les molécules qui se conviennent le mieux se réunissent et forment un corps organisé semblable au mâle, ou à la femelle, ou à l'un et à l'autre en même temps.

Les anciens avaient supposé que les organes générateurs du côté droit produisaient les mâles, et ceux du côté gauche les femelles. Mais ce sentiment avait été abandonné, parce qu'on s'était assuré que des hommes et des animaux privés d'un testicule procréaient les deux sexes, et qu'il en était de même des femelles dont la matrice était privée d'une trompe; cependant, il a été reproduit de nos jours par M. Millot, dans son ouvrage sur l'art de procréer les sexes à volonté.

MM. Prévôt et Dumas, enfin, ont rappelé l'attention sur les animalcules spermatiques : ils ont prouvé, par des observations aussi exactes que curieuses, qu'il y a des rapports constans entre le nombre de ces animalcules et la faculté fécondante du mâle, et ils n'en ont pas découvert dans le sperme de l'infertile mulet. Ils ont calculé que ces animalcules étaient assez nombreux pour suffire à l'intelligence des faits rapportés par Spallanzani. Ils ont rencontré les ovules, mais dans l'utérus seulement. Ils croient au concours du mâle et de la femelle dans la formation du fœtus, et ils pensent que le mâle y contribue par le système nerveux, et la femelle par le tissu cellulaire et le système vasculaire. Ils ont montré, par les heureux résultats de leurs recherches, qu'on ne devait pas abandonner la solution du plus intéressant des problèmes.

Parmi ces divers systèmes sur la génération, on ne considère aujourd'hui, comme dignes d'attention, que l'épigénèse ou la formation du fœtus par parties et par les combinaisons de deux liqueurs séminales, la préexistence et l'emboîtement des germes, et la fécondation par les animalcules. Les physiologistes, partagés entre ces trois systèmes, y apportent les modifications qui leur semblent nécessaires.

L'épigénèse ne peut convenir aux faits suivans :

1°. Parmi les productions des animaux multipares, aucune ne ressemble jamais à deux pères différens (*a*), quoique la mère ait reçu plusieurs mâles et que ces produits ne ressemblent pas tous au même père. Cependant, si le fœtus se formait pièce à pièce par la combinaison des deux liqueurs séminales, quel obstacle pourrait empêcher que, dans la formation des parties doubles, l'une d'elles ne résultât d'une combinaison où entreraient des molécules d'un des mâles, tandis que l'autre proviendrait en partie des molécules de l'autre mâle? Ce que je viens de dire de la formation des parties doubles s'applique à celles des organes différens.

L'éclosion de l'œuf de la poule n'a jamais lieu avant le vingt et unième jour, à dater de celui de la ponte : il n'est donc fécondé que lors de son passage dans l'oviducte. Cependant, les derniers œufs de la ponte ne parviennent souvent dans ce conduit que plusieurs jours après que la même poule a été cochée par plusieurs mâles, dont les liqueurs séminales doivent se confondre dans un si long rapprochement et devraient produire le mélange des ressemblan-

---

(*a*) La double paternité est tout au moins extrêmement rare; je ne la considère pas cependant comme impossible. (*Voyez* le Chapitre IX.)

ces, si le fœtus était formé comme l'entendent les épigénésistes.

2°. Le nombre des produits est à peu près déterminé dans chaque espèce; il est en rapport avec celui des corps jaunes, et la plus petite partie de la semence du mâle suffit à une fécondation parfaite. Or, si le fœtus provenait uniquement du mélange des deux liqueurs séminales et s'il était formé pièce à pièce, le nombre des produits serait en rapport avec l'abondance des deux liqueurs, ce qui n'est point; et la plus petite perte de la semence du mâle occasionerait des monstres par défaut, ce qui n'est point encore.

La préexistence des germes et leur emboîtement sont en opposition avec les phénomènes des ressemblances, qui attestent que les produits résultent d'une combinaison intime des représentations du père et de la mère, et qui s'opposent à ce qu'on donne une plus grande part à un sexe qu'à l'autre dans l'œuvre de la génération. Le poulain issu d'un cheval noir et d'une jument blanche est gris. La laine du métis issu d'une brebis grossière et d'un bélier mérinos tient le milieu, en nombre, en grosseur et en longueur, entre celle de la brebis et celle du bélier. Ce même métis a, comme son père, mais un peu moins que lui, la queue déprimée vers son origine, et cette dépression existe aussi chez le produit du bélier grossier et de la brebis mérinos ; ce qui prouve sans réplique, si je ne m'abuse, que la mère transmet les formes aussi bien que le père.

Dira-t-on que les formes et les qualités du mâle passent dans le fœtus, parce que celui-ci se nourrit de sperme ? Ce serait attribuer à la nourriture une influence qu'aucun fait ne rend vraisemblable. Un cheval ne peut prendre les formes, la force musculaire, la couleur, la voix et les caractères de l'âne, et devenir infécond, parce qu'à l'état de fœtus il s'est nourri de quelques atomes d'âne. Croira-t-on qu'il suffirait d'introduire dans l'utérus d'une louve du sperme d'un bélier, pour convertir en timides agneaux ses méchans louveteaux ? Si la destination du sperme était de nourrir l'embryon, la louve devrait être fécondée par celui du bélier, la chatte par celui du rat, la chienne par celui du lièvre, etc.

Si les germes préexistaient, comment se ferait-il que la fille, plus que le fils, ressemble au père, ou que le fils, plus que la fille, ressemble à la mère ? Comment concevoir, et les ressemblances avec des aïeux auxquels ni le père ni la mère ne ressemblèrent jamais, et la transmission des accidens survenus à la mère au moment de l'accouplement ? D'où pourrait naître l'influence du père sur le sexe des produits ? Comment la femelle aurait-elle la faculté de procréer dans les germes fournis par les ovaires un sexe différent du sien ; résultat qu'on n'obtient jamais des boutures ou des drageons des plantes exclusivement dioïques, qui produisent constamment le sexe du sujet dont on les a détachés ?

A ces objections, si l'on ajoute les calculs de Buffon sur la quantité des germes contenus dans un premier germe, il sera difficile de concevoir que ce système ait été adopté et soutenu par des hommes d'un grand savoir et du plus rare mérite.

C'est sur de fausses apparences, dont M. Dutrochet a indiqué l'origine (a), que Spallanzani a été induit à croire que le batracien était tout formé dans l'œuf, avant la fécondation.

On a cru voir l'embryon des plantes tout formé avant la floraison, et, par analogie, on en a déduit que celui des animaux pouvait l'être aussi avant l'accouplement.

____

(a) *Journal de Physique*, t. LXXXVIII, p. 174 et 175.

(15)

Mais les expériences de Spallanzani sur les plantes prouvent, tout au plus, que, dans certaines espèces à sexes séparés, la reproduction peut se faire, comme chez certains animaux, sans le concours du mâle; cet habile observateur a été bien faible lorsqu'il a voulu déduire des faits cette préexistence même de l'embryon, que MM. Gœrtner et Adolphe Brongniart ont combattue si victorieusement : l'un, par des expériences positives sur les fécondations hybrides; l'autre, dans son beau travail sur la génération, et le développement de l'embryon dans les végétaux phanérogames (a).

Comme l'a dit Maupertuis, il y a plus de difficulté à concevoir comment tous les corps organisés auraient été formés les uns dans les autres et tous dans un seul, qu'à croire qu'ils ne sont formés que successivement.

Le système de la fécondation par les animalcules résout beaucoup de phénomènes; et, si je ne m'abuse, il me deviendra possible de l'adapter à tous ceux qui me sont connus, en lui faisant subir quelques modifications indiquées par les faits, soit anatomiques, soit physiologiques, ou en le déduisant des faits connus.

______

(a) *Annales des Sciences naturelles*, t. X, février 1827, et t. XII, septembre et octobre même année.

Nous verrons qu'il y a du vrai aussi dans les idées des épigénésistes et des ovaristes (*a*) (1).

CHAPITRE II.

Considérations générales sur les facultés vitales.

Les facultés vitales sont la contractilité, la sensibilité, et l'excitation réciproque. L'être doué de ces facultés est doué de la vie : sa fibre se contracte et produit les mouvemens ; il sent les impressions de la lumière, du son, de la saveur, de l'odeur, de la résistance et de la température des corps, la privation, et ses propres manières d'être. Ses diverses modifications exercent en lui une sorte d'incitation sur cette puissance générale d'excitation, qui, dans ces états qu'on appelle *attention, volonté*, rend les sensations perceptibles, les associe entre elles et avec les mouvemens qu'elle détermine, et reproduit même les unes et les autres en l'absence de leur cause première.

Les facultés vitales sont susceptibles de dif-

(*a*) Voir les notes numériques, à la fin de l'ouvrage.

fusion (chez les polypes, les méduses), de condensation (chez les animaux pourvus de nerfs), d'épuisement et de restauration. Elles varient et changent de rapports réciproques suivant les âges, les sexes, les tempéramens, l'exercice, l'organisation, les climats, la nourriture; elles ont entre elles des rapports d'indépendance (l'une se perfectionne tandis que l'autre s'oblitère ou se dégrade), et même d'antagonisme (la sensibilité tactile et la contractilité). Elles ont aussi des rapports de dépendance (leur perfectionnement particulier a pour lien commun celui de l'organisation générale) : d'où il suit qu'elles ont des causes particulières à chacune d'elles et des causes communes, des facteurs propres et des facteurs communs.

Par leur indépendance, elles s'isolent chacune dans des organes spéciaux, où elles croissent, s'épuisent et se renouvellent sous des rapports différens; par leur dépendance réciproque, elles s'associent, s'entr'aident et produisent le sentiment, la mémoire, l'intelligence et la volonté.

Les cinq ordres de sensations essentiellement différentes et la contraction fibreuse nous donnent six classes d'effets bien différens. Peut-on cependant les rapporter à un moindre nombre de causes?

Cette question me paraît très-importante, et s'il ne m'est pas donné de la résoudre, puissé-je être assez heureux que d'en avoir provoqué la solution !

Les sensations ne peuvent être exclusivement attribuées aux rapports immédiats des stimulans étrangers avec un seul principe sentant : car dans les songes ou dans l'exaltation de l'imagination, on reproduit soi-même, involontairement et sans le concours des stimulans extérieurs, les sensations que ceux-ci sont susceptibles de produire ; il est donc probablement en nous, des causes analogues à ces stimulans, qui les remplacent : des effets semblables doivent faire supposer des causes semblables. D'ailleurs les sensations sont variables, quoique l'attention et les stimulans extérieurs soient constans (les mêmes alimens goûtés avec la même attention ne donnent pas les mêmes sensations à la fin et au commencement d'un long repas) ; et elles peuvent rester constantes, quoique ces stimulans et l'attention varient (lorsque ces derniers croissent dans la même proportion que la sensibilité s'épuise). Or, si le principe sentant, que nous suppose-

rons d'abord unique et constant, était en rapport immédiat avec les stimulans étrangers, il
n'y aurait pas de raison, soit pour que les
sensations restassent les mêmes lorsque ces
stimulans ou l'attention changeraient, soit pour
qu'elles changeassent lorsqu'ils resteraient les
mêmes. Si nous supposons maintenant ce
même principe toujours unique, mais variable,
toutes ses facultés changeront à-la-fois et en
même temps que lui. Or, l'expérience nous
apprend que chaque faculté sensitive peut
éprouver des changemens que ne partagent
pas les autres, et même croître ou diminuer,
tandis que les autres diminuent ou croissent.
(On peut être fatigué de voir, et cependant
prendre plaisir à entendre, à goûter, à odorer :
ce n'est donc pas l'attention qui est épuisée,
mais seulement la sensibilité de l'œil.)

Donc, 1°. la cause des variations de nos modifications n'est pas seulement dans l'abondance
ou l'activité des stimulans étrangers, elle est
encore en nous et ne peut être attribuée exclusivement à l'attention; 2°. elle ne peut être
unique et s'appliquer à un principe unique.

Par conséquent, comme les phénomènes des
variations de nos facultés s'expliquent parfaitement en les rapportant à des causes suscep-

tibles d'épuisement et de renouvellement, il convient d'admettre autant de principes épuisables que nous avons de facultés essentiellement différentes ; et ces principes doivent ou être doués de sensibilité, l'un, pour la lumière, l'autre, pour le son, etc. ; ou avoir avec un seul principe doué de sensibilité générale des rapports d'où résultent les diverses sensations. J'embrasse ce dernier parti, parce que je crois rencontrer les principes épuisables de nos facultés dans des substances qui appartiennent à la matière et auxquelles je ne me crois pas autorisé d'attribuer la sensibilité.

Je distingue donc le principe sentant, que j'appelle *âme*, et dont la nature m'est inconnue (2), des causes variables de la sensibilité que j'appelle *esprits*.

Il y aura donc cinq esprits sensitifs : celui du tact, celui de la vue, celui de l'ouïe, celui de l'odorat et celui du goût (3). J'appelle *esprit moteur* le principe de la contractilité.

La sensibilité et la contractilité agissent sur l'excitation interne ; car, en s'accumulant dans les besoins, ou en se dissipant dans les sensations vives, ou dans les contractions convulsives, elles l'incitent, la condensent, l'épuisent : nous ne pouvons refuser notre attention aux sensations fortes, ou aux besoins pressans de sensation, et nous nous livrons avec plaisir aux pandiculations que détermine le besoin des contractions musculaires.

D'ailleurs, lorsque, par les effets de l'habitude, l'excitation volontaire se porte fréquemment sur un même organe, elle en accroît la capacité de sensation ou de mouvement, et le soumet spécialement au besoin fréquent de sentir ou d'être contracté.

Il y a donc réciprocité d'action entre la sensibilité et la contractilité d'une part, et l'excitation interne de l'autre.

J'appelle *incitation* cette force qui, partant des nerfs sensitifs ou des muscles, et se dirigeant vers le centre ou le foyer des associations, y transmet l'action des stimulans étrangers ou les sollicitations de la privation, et y met en jeu cette autre force qui constitue le pouvoir de l'attention et de la volonté. Celle-ci, qu'on doit éviter de confondre avec la précédente, va du centre à l'autre extrémité du rayon. Elle recevra le nom d'*excitation*.

Je me servirai de l'expression *stimulation* ou *excitation extérieure*, ou *étrangère*, lorsque je voudrai désigner l'action des corps étrangers.

Les principes de cette action interne et réciproque seront appelés *incitans,* ou *excitans ,* suivant qu'ils seront considérés comme instrumens de l'incitation ou de l'excitation.

Les incitans sont-ils identiques avec les esprits ?

On peut déduire des faits que l'esprit moteur n'est pas identique avec l'incitant au mouvement; car la contractilité, qui provient de l'esprit, est en raison inverse du désir de se mouvoir, qu'on ne peut attribuer qu'à l'incitant (le désir naît du besoin et nous ne sentons le besoin que parce qu'il nous incite) : les animaux à sang froid sont doués de plus de contractilité que les animaux à sang chaud, et n'éprouvent certainement pas, autant que ceuxci, le besoin de mouvement.

Le sang et les nerfs concourent à la contraction musculaire, en fournissant à la fibre deux fluides doués d'affinité réciproque. Celui qui vient des nerfs appartient nécessairement à l'excitation générale ; l'autre, par son affinité avec celui-ci, se montre doué du caractère essentiel de l'incitation ; mais ni l'un ni l'autre ne peuvent être confondus avec la cause de la contractilité, puisqu'elle existe en leur absence et qu'elle est même d'autant plus grande qu'ils sont plus rares.

On peut déduire de rapprochemens analogiques que la chose se passe d'une manière semblable dans les sensations : le sang se rend aux extrémités des nerfs sensitifs, comme sur le trajet des muscles ; nous excitons les sensations par l'attention, comme le mouvement par la volonté ; la sensation est supprimée, comme le mouvement, tant par la ligature des vaisseaux sanguins que par celle des nerfs, et l'affluence du sang sur un organe en exalte la sensibilité.

Nous distinguerons donc aussi les incitans sensitifs des esprits sensitifs ; et nous supposerons que le jeu de l'excitation réciproque est le même dans les sensations et dans les mouvemens, sauf les changemens dans les attributions de ses principes, dont quelques observations vont montrer la nécessité.

C'est à l'excitation réciproque que doivent être rapportés les états ou les capacités qui constituent ou par lesquelles se développent le désir, l'attention, l'intelligence et la volonté, causes essentielles du perfectionnement tant des forces motrices que des forces sensitives. Ainsi, l'accord de ces forces avec la température du sang, l'épuisement de la force sensitive dans les grandes contractions musculaires, et de la force motrice dans les habitudes de la volupté, ou sous une température élevée, annoncent qu'elles ont des principes ou facteurs communs. Or, elles ne peuvent avoir de principes communs que parmi ceux de l'excitation réciproque, puisqu'il y a antagonisme entre leurs bases.

D'ailleurs, dans le même individu, ou sous un même degré de perfectionnement, le penchant à la volupté, ou le besoin de sensations tactiles, ou la puissance de l'incitant sensitif, se développe sous de mêmes circonstances que la sensibilité tactile (les climats vaporeux, l'usage des alimens sucrés et des boissons alcoolisées); tandis que le besoin de mouvement ou la puissance de l'incitant moteur se développe sous des circonstances contraires. Les deux incitans ne sont donc pas de même nature.

Cependant, s'il était vrai qu'il n'y eût que deux principes d'excitation réciproque, et doit-on en admettre davantage avant de s'assurer si deux ne peuvent suffire, on serait induit à supposer que l'incitant moteur est de même nature que l'excitant tactile, et que l'incitant tactile est de même nature que l'excitant moteur. Nous verrons plus tard que cette supposition s'accorde avec les phénomènes.

Des rapports que nous ne faisons qu'annoncer ici, mais que nous signalerons bientôt, entre la contractilité et la sensibilité de la vue et du goût, et entre la sensibilité tactile et celle de l'odorat et de l'ouïe, nous invitent encore à supposer que l'incitant moteur est aussi incitant de la vue et du goût, et que l'incitant du tact l'est aussi de l'odorat et de l'ouïe.

La sensibilité et la contractilité peuvent s'accumuler sur un point et s'épuiser sur un autre. Si l'on cligne un œil et que l'autre reste exposé à une vive lumière, celui-ci cesse de voir, tandis que celui-là voit encore. Si l'on plonge une main dans un bain chaud et l'autre dans un bain froid, l'une devient moins sensible à la chaleur que l'autre; on ne fait pas cesser le prurit en frictionnant les points voisins du siége de la démangeaison; enfin, chacun des organes des sens et du mouvement est susceptible d'un degré de fatigue que ne partagent point les autres organes. Je déduis de ces faits que les esprits, et par conséquent les incitans, ne passent pas d'un nerf dans un autre nerf, ou d'un muscle dans un autre muscle; mais que chaque nerf ou chaque fibre en a sa dose propre, qui ne sert qu'à lui seul ou à elle seule (4).

Mais il n'en est pas de même des excitans :

l'attention va et vient facilement d'un sujet à un autre; tantôt elle excite les sens, tantôt elle se concentre dans les organes des idées; et, lorsqu'elle est concentrée sur une modification elle a abandonné les autres; ou lorsqu'elle se partage entre plusieurs, elle n'est puissante sur aucune d'elles; la volonté détermine les mouvemens les plus variés; enfin, ces principes sont communs à tous les nerfs excitateurs; ils peuvent être totalement dépensés sur un point au détriment de tous les autres, et ce serait en vain qu'on essaierait d'en rendre la consommation grande et long-temps soutenue sur tous les points à-la-fois : les tyrans ont beau imaginer des supplices, ils ne peuvent soutirer du vase plus de fluide qu'il n'en contient.

L'attention ne se fixe pas long-temps sur une même sensation ou sur une même idée, à moins qu'elle n'y soit retenue par la volonté, qui ne peut même l'y retenir long-temps; elle se détourne des organes dont les esprits sont épuisés.

L'accumulation d'un esprit sur un point y détermine celle de l'excitation, si elle n'est pas appelée plus puissamment ailleurs; et cette double concentration produit le sentiment de besoin.

L'écoulement des esprits occasione des sensations inaperçues, s'il est ordinaire ou accoutumé; des sensations agréables, s'il est précédé d'accumulation ou de sentiment de besoin; des sensations désagréables ou de fatigue, s'il y a presque épuisement, et enfin des sensations douloureuses, s'il est forcé par des excitations violentes (5).

Il y a action réciproque entre l'âme et les esprits, les esprits et les incitans, les incitans et les excitans; et, dans toute modification vitale, il y a dépense simultanée des trois facteurs matériels des sensations et des contractions, lesquelles peuvent être grandes ou excessives, si l'un d'eux est employé abondamment ou en excès lorsqu'il y a déjà concentration des deux autres, et deviennent faibles ou nulles si l'un d'eux diminue ou disparaît.

S'il y a des sensations inaperçues et dont l'existence est cependant constatée par les mouvemens associés qu'elles déterminent; si, dans la rêverie, on n'a aucune idée des obstacles que l'on évite, ou de la lecture que l'on fait à haute voix, on ne peut en conclure autre chose, sinon que ces diverses sensations ont été sans incitation suffisante sur l'organe de la mémoire, et que l'excitation qui a concouru à les produire a été bien légère (*a*).

Ne pourrions-nous pas acquérir quelques connaissances, ou du moins quelques indices sur la nature des esprits et sur celle des deux principes de l'excitation réciproque?

Etudions les faits, faisons en sorte d'en saisir les rapports, et lorsque nous découvrirons entre eux des connexions intimes et constantes, n'hésitons pas à considérer ceux qui sont nécessairement indépendans des autres, mais sans lesquels ceux-ci n'existent jamais, comme leur cause médiate ou immédiate. Les difficultés du sujet font un besoin à celui qui veut les vaincre d'écarter les obstacles et de suivre rigoureusement le fil des déductions.

La contractilité est en raison inverse, et la sensibilité tactile en raison directe de la chaleur du sang; l'une augmente sous les cli-

---

(*a*) Je considère ce qui précède comme presque certain et pouvant servir à l'intelligence des phénomènes physiologiques et psychologiques. Quant au restant de ce Chapitre, je le présente comme plus ou moins hypothétique, et je me serais abstenu de le publier, s'il ne contenait le tableau d'un ensemble de rapports sur lesquels il peut n'être pas inutile d'appeler l'attention des savans qui s'occupent de la nature des corps impondérables.

mats froids et humides, l'autre sous les climats chauds.

Les sens sont situés sur les points où leurs stimulans extérieurs se présentent le plus souvent, ou le plus condensés; ils se dirigent même et se concentrent vers ces stimulans : c'est sur la partie antérieure du corps la plus élevée, le plus exposée à la lumière, que les yeux sont placés (ce fait est très-remarquable chez les pleuronectes); c'est sur les passages de la voix, des saveurs, des odeurs, que s'organisent les sens de l'ouïe, du goût et de l'odorat.

La vue se perfectionne, ou acquiert plus de capacité dans la lumière (les oiseaux en général, l'aigle, les poissons pélagiens, les insectes à métamorphose parfaite); l'ouïe sur le bord des rivages (le rossignol), ou dans les climats vaporeux (les habitans de l'Italie), sous toutes les circonstances en un mot, qui ajoutent à l'intensité du son (les chauves-souris, les oiseaux de nuit, la taupe); l'odorat dans les odeurs (les carnassiers); le goût par les saveurs (les animaux qui se nourrissent de substances acides ou sucrées, les fourmiliers, les torcols, les colibris, les insectes lépidoptères).

Les sens s'oblitèrent ou restent imparfaits en l'absence de ces mêmes stimulans : celui de la vue, dans l'obscurité (la taupe, le zemni, le protée); celui de l'ouïe, sur les hautes montagnes, ou dans les climats froids et humides (le rossignol chante moins bien en Ecosse qu'en Italie, les habitans des montagnes parlent très-haut et chantent mal); celui de l'odorat, dans les milieux où aucune odeur ne s'exhale (les cétacées dans les mers polaires); celui du goût, dans l'usage d'alimens dépourvus de saveur (plusieurs oiseaux, plusieurs poissons).

Les facultés sensitives croissent en même proportion que la quantité de leurs stimulans introduite dans les viscères thoraciques ou abdominaux; l'oxigène abandonne dans le poumon une partie de la lumière à laquelle il est uni dans l'état gazeux (a), et l'air entraîne dans cet organe les odeurs dont il est le véhicule : l'estomac devient le réservoir des saveurs inhérentes aux alimens : dans le foie, se rendent les substances qui contiennent le plus d'hydrogène, que je considère comme un des principaux véhicules du son.

Il y a de grands rapports entre les organes de la vue et de l'odorat et celui de la respiration :

(a) La lumière jaillit du gaz oxigène que l'on comprime, d'après les expériences de M. Saissy.

le développement des uns accompagne celui de l'autre ; lorsque le poumon est irrité, l'œil devient étincelant et le regard perçant ; lorsqu'il se dégrade, le globe de l'œil devient terne et petit, et la vue s'affaiblit (6) ; lorsque la membrane pituitaire est affectée, la muqueuse du poumon ne tarde pas à l'être ; il y a formation d'eau dans le poumon et dans l'œil (doit-on rapporter à la transpiration pulmonaire toute l'eau qui s'exhale en vapeur dans la respiration (7)?) ; le mucus nasal est de même nature que celui du poumon ; le développement de la langue et sa sensibilité pour les saveurs sont en rapport avec la capacité et les forces digestives de l'estomac, et le désordre de l'estomac se peint à la surface de la langue ; le suc gastrique est de même nature que la salive ; l'ouïe est en rapport avec le foie (le chien, l'oie, la taupe) (8) ; l'obtusion de l'audition accompagne les désordres du foie, et le cérumen tient de la nature de la bile (9). Si l'on compare le nerf optique à l'acoustique, chez les mammifères et chez les oiseaux, on trouve entre eux des rapports de volume analogues à ceux du poumon et du foie. (*Anatomie comparée du cerveau*, par M. Serres.)

Les excitans extérieurs sont en contact immédiat avec les nerfs sensitifs dans les organes des sens et semblent s'y condenser : l'œil des chats et des loups est lumineux dans l'obscurité ; nous voyons des éclairs, lorsque nous frictionnons les yeux après qu'ils ont été pendant quelque temps exposés à une vive lumière (*a*) ; nous entendons du bruit lorsque nous recevons un coup dans les oreilles ; le mucus du nez a une odeur de cuivre (10) ; la salive s'élance, pour ainsi dire, vers les alimens dont elle réunit en elle-même les principaux élémens (11) ; les esprits, en outre, peuvent passer des nerfs qui naissent à la surface des viscères où leurs excipiens affluent, dans ceux qui prennent leur origine ou qui se rendent dans les sens (12).

Il y a enfin entre les stimulans et les esprits non-seulement des relations, mais encore des rapports de nature.

Passons à l'excitation réciproque.

Les forces sensitives et motrices s'épuisent à-la-fois dans le jeu de l'excitation réciproque, qui produit les mouvemens. Ainsi, si nous connaissons la nature de l'incitant et de l'excitant

------

(*a*) On trouve dans Barthez (*Nouveaux élémens de la science de l'homme*) plusieurs faits sur la phosphorescence des yeux des animaux et même de ceux de l'homme.

moteurs, nous connaîtrons probablement aussi celle de l'excitant et de l'incitant tactiles.

Or, 1°. les deux fluides électriques excitent les contractions musculaires dans les expériences galvaniques, où le positif est fourni par le sang artériel, tandis que le négatif est fourni par les nerfs.

2°. Par les mouvemens, la respiration et la digestion s'accélèrent ; par la respiration et la digestion, les forces sensitives et motrices s'entretiennent ou se restaurent ; et, chose remarquable, les forces motrices sont d'autant plus grandes, que l'animal respire davantage ou qu'il respire plus d'oxigène ; et il respire d'autant plus, que sa nourriture est plus hydrogénée ou carbonée (les mammifères coureurs, les oiseaux pêcheurs, les colibris, les papillons); et d'autant moins, qu'elle est plus oxigénée ou acide (les fourmiliers, l'aï, les pics, les torcols, le ver de la pomme ou celui de la cerise). Entre ces extrêmes, se trouvent les résultats moyens de la nourriture azotée (les carnassiers).

Mais, 1°. l'oxigène est de toutes les substances celle qui a le plus d'affinité avec l'électrique vitré, et qui en absorbe le plus en passant à l'état gazeux ; c'est donc aussi, de tous les gaz, celui qui peut en abandonner le plus en passant dans des combinaisons où il est condensé, telles que le gaz acide carbonique, qui est formé dans la respiration (le gaz acide carbonique contient un volume d'oxigène égal au sien). Or, la seule perte de l'air respiré est un volume de gaz oxigène égal à celui du gaz acide carbonique qui le remplace ; et la seule chose apparente que gagne le sang dans le poumon, est la couleur rouge, qui caractérise la présence de l'électrique vitré, et la chaleur, qu'il peut tenir du calorique abandonné par le gaz oxigène concentré, ou peut-être du rapprochement des fluides électriques.

2°. De toutes les substances, le carbone et l'hydrogène sont celles qui ont le plus d'affinité avec l'électrique résineux, et c'est peut-être à leur présence que les résines doivent leur capacité pour ce dernier fluide ; la couleur noire affecte les corps électrisés résineusement. Or, dans le foie est une substance résineuse (un des composans de la bile), formée en grande partie d'hydrogène carburé ; et le sang veineux, ordinairement rouge brun, est très-noir après avoir passé par le foie (celui des veines-portes) : il puise donc, très-probablement, dans ce viscère, ou dans la bile qui s'y forme, l'électricité résineuse par laquelle il dégage l'électricité vitrée du gaz oxigène. Plus l'animal se nourrit de substances hydrogénées et carbonées, plus aussi sa bile a de capacité pour l'électrique résineux, et son sang veineux d'affinité avec l'électrique vitré du gaz oxigène; tandis que l'usage des substances acides, dont la saveur annonce la présence de l'électrique vitré, ne peut transmettre ni à la bile ni au sang veineux une grande action sur ce gaz.

Nous possédons d'ailleurs les élémens et les combinaisons d'une pile électro-vitale, dont le jeu explique tous les phénomènes.

Les nerfs dont les fluides ont une même destination, et par conséquent une même direction, se réunissent en faisceaux (13). Le sang ne se rend dans le poumon qu'après avoir communiqué dans le foie avec le fluide résineux de la bile, et il ne passe du poumon dans le cœur, qu'après avoir communiqué avec le fluide vitré du gaz oxigène; il perd dans la circulation la couleur noire qu'il a acquise dans le foie et la couleur rouge qu'il a acquise dans le poumon, et par conséquent les principes desquels il reçoit ces couleurs. Il y a un accord parfait entre les dépenses de l'excitation réciproque et les remplacemens de la respiration et de la digestion; ceux-ci cessant, celles-là

3.

cessent. La puissance motrice croît sous les circonstances qui fournissent le plus de fluide vitré, telles que le séjour dans les climats froids et l'usage momentané de l'oxigène pur ; tandis que la puissance sensitive se développe sous celles qui fournissent le plus de fluide résineux, telles que le séjour dans les climats vaporeux et l'usage des boissons alcoolisées et des alimens sucrés. L'une et l'autre sont en raison de la chaleur du sang, que l'on peut rapporter, nous l'avons déjà dit, au calorique abandonné dans les rapprochemens des fluides électriques.

Loin de contredire ces idées, la forme et la distribution des nerfs les confirment : les uns sont fibreux à leur extrémité, et les autres pulpeux ; les uns aboutissent aux muscles, d'autres à la peau, d'autres au poumon, d'autres à l'estomac, d'autres au foie, etc. (14), et partout on les voit en contact soit avec le sang, soit avec d'autres substances électrisées ou résineusement ou vitreusement ; obéissant à la loi des courans électriques, découverte par M. Ampère, ils se groupent par faisceaux, chargés de fonctions différentes : aux uns appartient l'excitation motrice, aux autres l'excitation tactile.

La présence de l'électricité dans l'organisation animale est constatée par celle qui se montre soit sur les cheveux de l'homme, soit sur le
poil des animaux, et par les commotions que
donnent la torpille et le gymnote électrique,
dont le stimulant, fourni par des nerfs, est
identique avec l'électricité, d'après les observations de Valsh. Lorsque, par un temps froid,
j'ai passé la journée auprès du feu, il arrive
souvent, quand je me déshabille, que mon gilet
de laine pétille d'étincelles; tandis que ma seconde chemise, qui a été en contact avec le gilet,
se couvre de larges flammes; enfin j'éprouve
intérieurement des commotions électriques,
lorsque ma volonté, excitée par le sentiment,
est contrariée par la raison (a).

Les quatre sens obéissent-ils à un seul et même
système d'excitation réciproque, ou les uns se-
raient-ils soumis aux mêmes lois que la sensibilité tactile, tandis que les autres suivraient
celles qui régissent la contractilité ?

C'est encore par l'étude des rapports que nous
pourrons acquérir quelques indices là-dessus.

(a) Dans ses *Nouveaux Élémens de la science de l'homme*,
Barthez rapporte plusieurs faits sur la présence et la manifestation de l'électricité dans les animaux.

Les principes des odeurs ont des rapports avec le calorique et l'électrique résineux; c'est sous les influences de la chaleur que les corps deviennent odorans; c'est dans les climats les plus chauds que croissent les plantes qui donnent le plus de résine, et les substances résineuses sont aussi les plus odorantes. Les corps les plus combustibles et qui ont le plus d'affinité avec le fluide résineux sont aussi les plus sonores; c'est des bois résineux que l'on fait les meilleurs instrumens de musique; les métaux qui ont le plus d'affinité avec le fluide résineux, le cuivre par exemple, servent à faire les instrumens les plus bruyans, les cloches, les trompettes, les cors, les cymbales, les tam-tams; les combinaisons où entrent l'azote et l'hydrogène fournissent les odeurs les plus pénétrantes et les détonations les plus fortes; les instrumens à vent, soufflés avec de l'hydrogène, rendent des sons très-brillans : or, comme nous l'avons déjà fait observer, l'hydrogène est de tous les gaz celui qui a le plus d'affinité avec l'électrique résineux, et d'après les expériences de M. Bérard, il est aussi celui qui a le plus de chaleur spécifique. Les sens de l'ouïe et de l'odorat se perfectionnent en même temps et sous les mêmes circonstances que la sensibilité tactile; leurs modifications éveillent ou émeuvent cette dernière faculté.

Ces divers rapprochemens m'invitent à supposer que l'incitant tactile est encore incitant de l'odorat et de l'ouïe.

Les acides, base des saveurs, sont rafraîchissans, produisent du froid et le froid le plus intense; ils ont des rapports avec l'électrique vitré, qui est acide lui-même, auquel la lumière est unie, et avec lequel elle s'unit à l'oxigène gazeux qui engendre des acides. En outre, la lumière et les saveurs ont de l'influence sur la contractilité fibreuse; le polype se tourne vers la lumière, dont l'action dilate ou contracte l'iris; il y a enfin des saveurs astringentes.

Je supposerai donc encore que l'incitant moteur est aussi incitant de la vue et du goût.

Il est inutile sans doute de rappeler que celui des deux fluides électriques qui n'est pas l'incitant d'une faculté en est l'excitant.

Il nous reste à montrer la concordance des phénomènes vitaux avec notre appareil électrique.

D'abord la réciprocité d'action entre les sens et les organes cérébraux, ou tous autres foyers d'association, ne peut s'opérer d'une manière plus prompte, plus efficace et plus simple. En effet , les organes cérébraux ne peuvent exciter les extrémités nerveuses avec lesquelles ils communiquent, sans que les extrémités opposées n'excitent au même instant les organes des sens ou du mouvement avec lesquels elles communiquent ; et toute sensation peut inciter l'un des organes cérébraux , comme toute modification cérébrale peut exciter ou les sens ou les muscles , puisqu'il n'y a pas de nerf qui ne communique avec l'encéphale.

Celui des deux fluides qui est en excès, par les influences de la nourriture ou du climat, détermine la prédominance de la faculté dont il est l'incitant : l'incitation est le principe du besoin, la cause première de l'action et par conséquent de l'excitation.

L'antagonisme et l'accord des forces sensitives et motrices deviennent aisés à concevoir. Lorsque l'électrique vitré est prédominant dans le sang, il y a tendance, incitation au mouvement ; le fluide résineux est dépensé dans l'excitation motrice au préjudice de l'incitation tactile : lorsque c'est le fluide résineux qui prédomine, il y a appétence, désir de sensations tactiles ; le fluide vitré est dépensé dans l'attention que l'on donne à ces sensations au préjudice de l'incitation motrice. Cependant les deux forcés sensitive et motrice doivent croître en même temps, puisqu'elles ont des facteurs communs, et que l'incitant de l'une est excitant de l'autre.

Les sensations et les contractions deviennent d'autant plus difficiles à produire, ou exigent une dose d'excitation d'autant plus grande, que les nerfs ou les muscles ont été soumis récemment à plus de sensations ou de contractions, ou qu'ils sont plus épuisés d'esprit; car, ici comme ailleurs, l'affinité est en raison inverse de la saturation; et il faut plus de force pour dégager des nerfs ou des muscles les derniers atomes de leurs esprits, que les premiers.

L'accumulation des esprits par défaut d'excitation étrangère, et par conséquent celle de l'incitation, d'où naît le sentiment de besoin, doivent agir sur les organes de l'excitation générale, comme la concentration de l'excitation doit agir sur les sens.

Nous avons signalé des rapports entre les esprits et les stimulans étrangers; les incitans peuvent donc avoir la même affinité avec ces stimulans qu'avec les esprits, et les stimulans peuvent dégager les esprits par l'intermède des incitans. Par une conséquence nécessaire des affinités déjà supposées, les esprits et les inci-

tans, ceux-ci et les excitans s'attirent réciproquement, et la dissipation des uns entraîne
celle des autres; comme aussi la présence ou la
condensation des uns détermine autant que possible la présence ou la condensation des autres.
L'un de ces trois facteurs de nos modifications
manquant, il ne peut y avoir ni sensation ni
mouvement : si c'est l'esprit qui manque, la
sensation ou la contraction est privée de sa base
essentielle; si c'est l'incitant, l'esprit ne peut
être dégagé, et il ne peut y avoir ou il n'y a pas
de sensation, puisque c'est ce dégagement qui
la produit ou qui l'annonce; il ne peut y avoir
non plus de contraction, puisque le rapprochement des molécules fibreuses, dont la contraction est le résultat, n'a lieu que par celui de
l'incitant et de l'excitant; enfin, si c'est l'excitant qui manque, la contraction devient encore,
et par le même motif, impossible; et quant à
la sensation, les pertes de son incitant n'étant
plus que faiblement et lentement réparées, à
cause de l'absence d'une de ses puissances at-
tractives, elle n'est pas continue; elle est instantanée et trop légère pour être perçue. Quoique séduit par de nombreux rapports, je n'affirme des stimulans extérieurs et des esprits
que l'existence des uns comme cause première

et celle des autres comme moyen immédiat de nos modifications. Quant aux principes de l'excitation réciproque, ils ne sont très-probablement autre chose que les fluides électriques, soit tels que nous les connaissons, soit transformés par la perte ou l'addition de quelque élément.

La sensation est un fait qui existe nécessairement dans un sujet, et dans un sujet capable de sentir, ou doué de sensibilité : il y a donc un être sentant, car on ne peut attribuer des facultés au néant. On ne peut confondre cet être avec les substances connues, rien n'y autorise; sa nature est donc inconnue ou censée telle. Dira-t-on que la sensibilité est le produit de l'organisation? Mais la vie, dont elle est la base, est dans les animaux infusoires, qui sont privés d'organes, et qu'on ne peut par conséquent considérer comme organisés. L'existence de ces animaux sur le globe est même antérieure à celle des animaux organisés; car les faits géologiques déposent que l'ancienneté des animaux est en raison inverse de leur perfectionnement. L'organisation, d'ailleurs, n'est qu'une disposition, un ordre, une combinaison, d'où ne peuvent résulter que la manifestation ou l'*occultation*, le développement ou la neutralisation des propriétés essentielles de la chose organisée, et non point la création d'une propriété absolument étrangère à cette chose. Or, à quel principe de la matière supposerait-on que la sensibilité est essentielle, et à quelle circonstance de l'organisation pourrait-on rapporter la manifestation d'une propriété occulte sous toutes les autres circonstances, et qui met la substance qui en est douée en relation avec toutes les substances connues? Sur quoi se fonderait-on pour rejeter la supposition d'une âme immatérielle, c'est-à-dire incapable de tomber sous les sens? Y a-t-il quelque connexion entre la faculté qui lui est essentielle, et les propriétés qui sont du domaine des sens? Peut-on sentir d'autres sensations que les siennes propres? L'âme, comme principe sentant, n'a aucune des propriétés de la matière, à quel titre pourrait-on donc les lui accorder?

Il répugne, je l'avoue, d'affirmer l'existence d'un être qui n'est l'objet d'aucune sensation; mais répugnerait-il moins de confondre le sujet modifié avec les causes qui le modifient, lorsque rien ne prouve qu'ils aient des attributs communs?

La sensation pourrait-elle exister indépendamment des esprits et de l'excitation réciproque ?

Les bornes du possible ne nous sont pas connues, nous ne savons même pas tout ce qui est ; mais rien de ce que nous a appris l'observation ne nous fournit la solution de cette question. Ce ne sont pas les esprits qui sentent ; mais, en leur absence, la sensibilité est inerte dans les corps organisés : ils sont donc une condition de la sensation dans ces corps : voilà ce qui me paraît vraisemblable, et ce que je dis ici doit fixer le sens de ces expressions, *condensation, accumulation, dépense, épuisement* de la sensibilité, dont je me servirai souvent, et par lesquelles je n'entendrai jamais que les états ou les conditions sous lesquelles la sensibilité se montre, et non l'état réel du principe sentant lui-même, qui m'est aussi inconnu que sa nature.

En résumant ce chapitre :

Il y a cinq facultés de sentir différentes et indépendantes les unes des autres. Chacune d'elles est susceptible d'épuisement et de restauration particulière. Elles appartiennent donc ou à cinq principes différens, ou à une seule substance douée de relation avec tous les corps par l'intermède de cinq principes différens. J'adopte cette dernière idée, et je rapporte à un sixième principe la faculté qu'a la fibre musculaire de se contracter.

Les modifications de ces facultés, soit que la privation de l'excitation extérieure, soit que cette excitation les détermine, sollicitent des actions, s'associent entre elles, incitent les organes intellectuels, qui, à leur tour, agissent sur les sens et sur les muscles; il y a donc encore deux principes d'excitation réciproque.

Fondé sur ces notions principales, j'admets une âme, qui ne m'est connue que par la faculté de sentir; et trois facteurs épuisables ou matériels des modifications de chacune des facultés vitales; *l'esprit*, qui constitue la nature de la faculté, par lequel l'âme sent d'une manière plutôt que d'une autre, ou la fibre est disposée à se contracter, et les deux principes d'excitation réciproque; l'un de ceux-ci, l'incitant, met l'esprit en relation avec l'autre et avec les stimulans extérieurs; le second, l'excitant, est l'agent de la réaction que nous exerçons sur nos facultés, ou plutôt sur l'incitant qui reçoit immédiatement cette réaction.

La nature du premier de ces facteurs ne m'est pas assez connue pour que j'en affirme autre chose, si ce n'est qu'il appartient à la matière comme susceptible d'accumulation et d'épuisement, et qu'il a des rapports avec les objets de sensations; celle des deux autres se rapproche tout au moins, si tant est qu'elle en diffère, de la nature des fluides électriques. Dans l'hypothèse de leur parfaite identité, l'un de ces fluides serait l'incitant des facultés dont l'autre serait l'excitant, *et vice versâ* : et, très-probablement, c'est le résineux qui serait incitant dans les sensations du tact, de l'ouïe et de l'odorat; et le vitré, dans les contractions musculaires et dans les sensations de la vue et du goût.

En l'absence de l'un de ces trois facteurs, il n'y a ni sensation ni contraction ; et l'accumulation ou la consommation de l'un d'entre eux sur un point y provoque l'accumulation ou la consommation des autres. Dans l'accumulation, il y a sentiment de privation et de besoin de l'excitation étrangère accoutumée : dans la consommation, il y a sensation excitée.

J'en ai dit assez, et plus peut-être que ne demandait mon sujet, auquel ce chapitre n'est pas étranger, sur ces agens ou ces élémens des facultés vitales : je montrerai, dans un autre ouvrage (a), combien cette théorie facilite l'intelligence des phénomènes dépendans de ces facultés.

(*a*) Cet ouvrage va être livré à l'impression.

CHAPITRE III.

Considérations générales sur l'organisation.

Les facultés sensitives sont diffuses et très-faibles, sans doute, sur toute la surface de l'animal non organisé, ou très-peu organisé, (les infusoires, les protées, les méduses); on les voit croître successivement, dans les diverses phases de l'organisation, en se concentrant de plus en plus vers les points où leurs stimulans extérieurs se présentent, ou souvent, ou condensés, et attirent fréquemment ou puissamment l'excitation réciproque.

L'organe de la respiration occupe presque toute la surface des vers; il est multiple chez les insectes; les lamproies ont sept ouvertures branchiales de chaque côté, les raies et les squales n'en ont que cinq ; on ne compte que quatre branchies dans la plupart des autres poissons; il n'y a plus, enfin, qu'un ou deux poumons chez les animaux des plus hautes classes, et les scissures en sont plus nombreuses dans la plupart des mammifères que dans l'homme; elles sont nulles chez les animaux coureurs, le cheval, l'âne, le zèbre.

Les polypes et les méduses sont sensibles à la lumière, et n'ont point d'yeux; les insectes et les crustacées ont des yeux composés; plusieurs insectes ont en outre trois yeux lisses; les arachnides ont jusqu'à huit yeux.

Il est vraisemblable que les insectes sentent, par leurs trachées, les odeurs dont l'air est le véhicule. Ils entendent sûrement et n'ont cependant point d'oreilles.

Quelques naturalistes pensent que les tentacules des zoophytes et les antennules des insectes sont autant d'organes du goût; c'est à toute la surface de l'estomac que doit s'étendre la sensibilité des saveurs chez les animaux qui n'ont pas de langue, ou chez ceux qui ne peuvent ou ne font qu'avaler.

Les organes du mouvement, si nombreux chez les artéries, chez les insectes myriapodes et chez les crustacées, sont réduits successivement à de moindres nombres chez les arachnides, chez les autres insectes, chez les poissons et chez les animaux à sang chaud (a).

____

(a) Voyez les savantes recherches de M. Serres sur les lois de l'organogénie. (*Annales des Sciences naturelles.*)

Par l'organisation, les esprits et les principes de l'excitation réciproque acquièrent des réservoirs dans des cavités où leurs véhicules primitifs les abandonnent en se décomposant, et dans des vaisseaux où des fluides condensateurs les reçoivent pour les distribuer à des appareils, qui deviennent le siége des facultés, et le séjour spécial de la vie.

L'animal est principalement soumis à l'action de deux sortes de stimulans, le gaz oxigène et les alimens, qui donnent naissance à deux organes, le poumon et le foie, dans lesquels un fluide commun, le sang, qui tient sa formation, sa nature et ses propriétés de l'organisation, puise les deux principes d'excitation réciproque, dont il devient le véhicule.

L'organe de la respiration, placé au niveau de la surface extérieure, ou même saillant chez les animaux des plus basses classes, devient rentrant dans les classes plus élevées; tandis que le foie, dont les rudimens se montrent à la surface même du conduit alimentaire des vers, se compose, chez les insectes, de plusieurs appendices (les vaisseaux hépatiques), que la bile a creusées, et qui se dirigent de l'intérieur à l'extérieur; et c'est ainsi que la loi de concentration, qui préside à l'organisation du foie et du poumon, les rapproche encore l'un de l'autre.

Sur ce même conduit alimentaire, d'autres liqueurs, nées de la décomposition successive des alimens qui le parcourent, se creusent aussi des canaux et des réservoirs (la rate et le pancréas, le rein et la vessie), nouveaux élémens de la pile vitale et nouvelles sinuosités de la surface intérieure (15).

Les alimens, étant solides ou tout au moins liquides, ont une plus grande puissance d'excitation que les gaz; l'organisation doit donc commencer par la surface intérieure, et l'on voit en effet que cette surface est accompagnée de sa tunique fibreuse, avant que le derme paraisse à la surface extérieure.

La tunique fibreuse est toujours accompagnée d'une tunique pulpeuse et papillaire, dont elle est probablement ou la continuation, ou la conséquence, ou le produit. On peut considérer les deux tuniques comme figurant, par leur réunion et leur superposition, un élément d'une pile électro-vitale : l'une se continue dans les nerfs, l'autre dans les systèmes fibreux. Les nerfs, chose remarquable, affectent une consistance tantôt fibreuse, tantôt pulpeuse; ce qui permet de supposer qu'ils sont fibreux à un de leurs pôles et pulpeux à l'autre.

4.

Les mollusques céphalopodes sont les seuls animaux à sang blanc qui aient un véritable cuir; ils sont aussi les seuls qui aient des os ou des cartilages intérieurs.

Parmi les autres animaux à réservoir alimentaire tubulé, le squelette intérieur commence aux lamproies, les premiers des animaux à sang rouge qui aient un derme (16).

Cette époque de la formation du derme est donc très-remarquable, en ce qu'elle coïncide avec celle de l'apparition d'une charpente intérieure, d'un véritable système sanguin (17), et de ce tact actif que M. de Blainville a fort bien distingué du tact passif et qui n'existe pas dans les termes antérieurs ou dans les degrés inférieurs de la série ou de l'échelle animale.

L'organisation élevée sur deux bases peut désormais être considérée comme double. Les muscles, les nerfs et les vaisseaux se propagent des deux surfaces vers des axes communs: d'où il résulte que les productions osseuses ou cornées, qui servent d'enveloppe aux insectes et aux crustacées, doivent naître chez les animaux à organisation double, ou qui possèdent un derme, à la rencontre des deux systèmes, et par conséquent autour des centres vers lesquels ils convergent.

Ces idées sont en harmonie, si je ne me trompe, avec celles du célèbre auteur de la *Philosophie anatomique*, qui a vu un appareil vertébral dans l'assemblage des pièces cornées qui embrassent le corps des animaux articulés. A mesure que l'organisation se complique, ses résultantes changent plus par les formes qu'au fond.

Entre les deux surfaces intérieure et extérieure des vertébrés, s'organisent deux doubles appareils de mouvement et de sensation, dont le matériel se compose, dans chacun, de parties fibreuses et contractiles, et de parties pulpeuses et sensitives. L'un forme le derme, le panicule charnu et le tissu muqueux de la peau; l'autre forme les diverses tuniques du conduit alimentaire : l'un et l'autre concourent par leurs parties fibreuses à la production des appareils musculaire et osseux et du tissu des vaisseaux.

Les deux couches sensitives se continuent, plus ou moins modifiées, dans deux arbres d'association, dont les rameaux, conducteurs de l'excitation réciproque, se rapprochent, se réunissent et forment le faisceau commun, qui prend successivement les noms de moelle épinière et de moelle alongée. Les élémens de ce faisceau se dirigent vers l'extrémité supérieure de l'homme, ou antérieure de l'animal, où se font les plus nombreux échanges de l'association (18) ; et l'organisation concentre les sens comme elle concentre les viscères.

Ces deux arbres forment le système nerveux, que je divise en deux systèmes, qui se composent, l'un et l'autre, de nerfs excitateurs du mouvement, et de nerfs excitateurs de la sensibilité tactile. L'un porte l'attention sur les sensations internes et transmet les excitations motrices volontaires : il se compose du pneumogastrique et des nerfs excitateurs des mouvemens volontaires : je l'appelle *tactile interne* ou *moteur externe*. (C'est, si je ne me trompe, le seul système nerveux des crustacées et des insectes.) L'autre porte l'attention sur les sensations externes et transmet les excitations motrices involontaires ; il se compose des nerfs sensitifs externes et du grand sympathique : je l'appelle *tactile externe* ou *moteur interne* (19).

Les nerfs excitateurs des quatre sens appartiennent à l'un ou à l'autre de ces systèmes.

J'appelle *racines* nerveuses les extrémités sensitives, et *branches* les extrémités motrices.

Je considère les ganglions, soit du cordon noueux des insectes, soit inter-vertébraux des vertébrés, comme les collets de ces arbres nerveux (20).

L'un et l'autre système concourent, par leurs racines et par leurs branches, à former et animer les organes des sens (21).

La circulation, ou plutôt la marche des fluides excitans ou incitans, semblable à celle de l'électricité dans une pile, est double et croisée à la surface de chaque filet nerveux. Les pôles positifs se dirigent vers les points d'excitation tactile, et les pôles négatifs vers ceux d'excitation motrice (22).

Par leurs pôles positifs, les nerfs excitent aussi les sens de l'odorat et de l'ouïe; et par leurs pôles négatifs ils excitent ceux de la vue et du goût.

L'affinité des esprits, soit entre eux, soit avec les incitans, et de ceux-ci avec les excitans, produit l'association qui organise l'excitation réciproque et crée les appareils de l'instinct, de l'intelligence et du sentiment. Chez les plus bas des vertébrés, c'est dans les lobules placés sur le trajet des nerfs des sens que se font, probablement, les associations des impressions d'un même sens. Plus haut, ce sont successivement les tubercules quadrijumeaux ou bijumeaux, le cerveau et le cervelet qui deviennent prédominans. Plus l'animal a d'intelligence, plus le cerveau et le cervelet prédominent sur les tubercules ; plus au contraire il vit sous l'empire des sens et de l'instinct, plus aussi les tubercules prédominent sur le cerveau et le cervelet. A mesure qu'on s'élève des rongeurs aux ruminans, aux carnassiers, aux quadrumanes et à l'homme, on voit les tubercules diminuer : ils prédominent dans les reptiles plus que dans les oiseaux, et dans ceux-ci plus que dans les mammifères. Le développement du cervelet accompagne celui du cerveau , comme l'accroissement des forces sensitives accompagne celui des forces motrices.

Le grand sympathique et ses ganglions, foyer du sentiment, disparaissent à mesure que la sensibilité tactile s'éteint ; leurs rapports avec le cervelet sont plus intimes qu'avec le cerveau ; toutes les incitations sont associées dans le cerveau avec les excitations volontaires, ou de la vie extérieure ; et dans le cervelet, avec les excitations involontaires ou de la vie intérieure (23).

Les branches du moteur externe se continuent dans les poils, ou dans leurs analogues, les écailles, les aiguilles, les plumes, les ongles, les cornes, les dents, etc.

Les racines du tactile externe se continuent dans le duvet.

La substance cornée des poils vient ou du tissu fibreux de la peau, dont le névrilème (enveloppe des nerfs) fait partie, ou des muscles peaussiers, ou des muscles locomoteurs, suivant que l'insertion des poils est profonde. Celle du duvet vient du tissu cellulaire du corps muqueux, dont l'enveloppe extrêmement mince des nerfs sensitifs fait partie. C'est à la substance cornée qu'appartiennent la forme, le volume, la consistance, l'élasticité, la souplesse des poils, et à la substance nerveuse qu'en appartient la couleur.

Je rapporte la propriété qu'ont les corps de réfléchir une couleur plutôt qu'une autre à l'état électrique de leur surface : ils sont blancs, si c'est le fluide vitré ; et noirs, si c'est le fluide résineux qui y domine presque exclusivement. Des divers rapports de quantité des deux fluides résultent les couleurs intermédiaires, d'autant plus voisines du rouge qu'il y a plus de fluide vitré, d'autant plus voisines du violet, qu'il y a plus de fluide résineux.

Les poils ou leurs analogues étant, ainsi que le duvet, des faisceaux composés d'un plus ou moins grand nombre de filamens de grosseur variable, réunis sous des enveloppes épidermoïdes, sont susceptibles d'être divisés et subdivisés ; et cette division est déterminée par la répulsion des molécules électriques de même nom, que l'excitation dirige vers les extrémités nerveuses qui animent les poils ou le duvet : celle des poils est en rapport avec le développement de la force motrice, et celle du duvet avec celui de la force sensitive (24).

CHAPITRE IV.

Considérations sur l'abstraction des facultés vitales, ou sur la division de la vie.

L'ORGANISATION est ou peut être une conséquence des rapports de l'animal avec ses stimulans ; et la division de la vie, l'abstraction de ses facultés, ou la concentration spéciale des différentes forces vitales sur des points déterminés, sont une conséquence des habitudes et du perfectionnement de l'organisation.

L'animal qui n'a reçu qu'une très-imparfaite organisation vit esclave des rapports de sa masse cellulaire avec les corps qui l'entourent ; tandis que celui qui est doué d'une organisation élevée a encore des besoins étrangers à sa propre conservation, une volonté plus ou moins spon-

tanée et même des passions morales. (Il est susceptible d'amitié, de haine, de jalousie, etc.)
Il vit spécialement dans celui de ses organes
vers lequel il dirige le plus souvent son atten·
tion. Ainsi, le chien de chasse vit spécialement
dans le nez; le lièvre, la chauve-souris-oreil-
lard, le fennec, dans les oreilles; l'aigle, dans
les yeux; le fourmilier, dans la langue; le cheval, l'âne, les animaux sauteurs, dans les extrémités postérieures; la taupe, la girafe, dans
les extrémités antérieures; l'éléphant, dans la
trompe; les rongeurs dans les dents incisives;
les chats, dans les griffes.

La base cellulaire, cependant, reste toujours
soumise aux lois de la végétation et à ses rapports avec les autres corps. Les besoins primitifs ne sont pas effacés; mais ils ne commandent que par intervalles, et, le reste du temps,
l'animal en est affranchi : doué de deux puissances qui prédominent alternativement, il vit
de deux manières différentes; il a deux vies,
l'une de végétation, l'autre de sensation et
d'action. La première est intérieure, elle a
principalement son siége vers les surfaces qu'excitent les alimens solides ou liquides; la seconde est extérieure, elle a spécialement son
siége dans l'encéphale, ou vers la surface qui

se continue sur les organes de locomotion ou de préhension, ou sur tous les points qui obéissent à la volonté, qui est l'âme de cette vie, comme le besoin est l'âme de la première.

Ces deux branches de la vie sont antagonistes, en ce sens que l'une ne peut jouir des principes d'excitation qu'au préjudice de l'autre; et comme chacune tend à se fortifier par ses propres exercices, et par conséquent à enlever à l'autre les principes vitaux qui lui sont nécessaires, elles tendraient aussi à s'entre-détruire, si une troisième puissance, qui forme le passage de la première à la seconde, si une vie de transition ne les unissait et ne devenait ainsi l'auxiliaire de l'une et de l'autre. A celle-ci est affectée spécialement l'organisation générale de la nutrition; elle reçoit l'excitation involontaire; à elle appartient le sens interne. Située entre deux puissances opposées, elle peut s'abstraire, en partie, de l'une et de l'autre, se créer une existence propre et une capacité spéciale pour les principes vitaux. Or, cette dernière abstraction est encore réelle; elle est due au grand sympathique, et les influences du sens interne ne sont pas moindres sur les organes nutritifs que sur les organes intellectuels, sur la vie intérieure que sur la vie extérieure.

J'appellerai cette troisième puissance *vie d'organisation intérieure*, lorsque je voudrai la distinguer des deux autres. Par l'expression *vie intérieure*, je désignerai l'union de la vie de végétation à celle d'organisation intérieure; et par l'expression *vie d'organisation* j'entendrai l'union de la vie extérieure à celle d'organisation intérieure.

La vie d'organisation se subdivise, chez les vertébrés, en deux parties, dont l'une, commune à tous les animaux qui possèdent des nerfs, a son siége dans le *moteur externe;* tandis que l'autre, qui appartient aux vertèbres exclusivement, a le sien dans le *moteur interne* (a). Considérant les systèmes tactiles comme les bases de l'organisation, j'appellerai la première de ces deux branches *vie d'organisation à base interne*, et la seconde *vie d'organisation à base externe*. L'abstraction isole encore ces deux sections de la vie, et chacune d'elles a sa vie intérieure et sa vie extérieure.

Cette abstraction des principales branches de la vie, dont je dois l'idée première au célèbre Bichat, est un fait très-important à connaître, et que chacun peut constater sur soi. Sardana-

---

(a) Le sens de ces mots est déterminé au Chapitre III.

pale et Caton, Cléopâtre et Porcie n'ont pas vécu sous de mêmes influences. Chacun peut se sentir tour à tour sous l'empire des besoins naturels du sentiment, de l'imagination ou de la raison. Si l'on examine, en outre, les rapports, soit des différentes phases de la vie, soit des deux sexes, soit des divers tempéramens, on verra prédominer, tantôt la force sensitive externe, tantôt la capacité sensitive interne, tantôt la puissance motrice externe, tantôt la faculté sentimentale, etc.

L'isolement des capacités vitales n'est pas absolu ; elles forment avec leurs accessoires des groupes séparés ; mais aucune d'elles n'exclut totalement les autres et n'en est tout-à-fait indépendante ; elles ont une existence propre au sein de l'existence commune ; elles prédominent alternativement, et elles se développent ensemble sous des rapports différens et variables, soit dans les divers âges du même individu, soit chez plusieurs individus de même espèce.

Lorsque l'organisation n'a qu'une seule base, tantôt l'animal vit dans la dépendance de sa masse cellulaire et sous les influences des alimens, tantôt il est entraîné par la puissance de sa vie d'action. D'abord, l'excitation propre est presque toute employée à la petite somme de mouvemens nécessaires à trouver, à saisir, à digérer une nourriture peu abondante ; la vie a de longues rémittences, pendant lesquelles elle semble suspendue ; et tel est le produit d'une nourriture mucilagineuse et humide, qui ne contient que très-peu ou presque point de carbone ou de sucre. Dans cet état d'organisation, l'animal respire à peine ; l'air qu'il rencontre dans la vase lui suffit ; mais si du sein d'une humidité froide ou de la surface des feuilles les plus basses des plantes herbacées il passe dans une atmosphère échauffée et sur les feuilles ou les fruits des plantes arborescentes, il introduit en lui des principes de changement ; un excès de force exhalante que doit entretenir le nectar ou le pollen des fleurs va bientôt consumer les principes de la vie. Avant la métamorphose, il y avait surabondance de force cellulaire et conservatrice ; la petite somme d'excitation propre était à peine suffisante à déterminer quelques mouvemens obscurs ; après la métamorphose, elle suffit à produire les mouvemens les plus vifs et les plus variés (25) : les rapports de la vie extérieure à la vie intérieure sont loin d'être les mêmes chez la chenille et chez le papillon.

Mais si nous examinons l'organisation dans les sujets où elle a deux bases (les **vertébrés**), sa marche est plus constante et plus réglée ; nous la voyons accroître les capacités vitales, en même temps qu'elle augmente l'usage de leurs facultés ; les deux systèmes nerveux s'entr'aident réciproquement (26).

Dans cet état de choses, l'animal obéit souvent à la puissance protégée par l'appareil vertébral et qui préside à la vie d'organisation, puissance abstraite, qui dispose de l'excitation, s'alimente d'abord de sensations, et finit par se suffire à elle-même.

La vie extérieure est d'autant plus prédominante, que les organes intellectuels ont plus de capacité ou plus d'activité, que leurs relations avec la force motrice sont plus fréquentes, ou qu'ils disposent d'une plus grande somme d'excitation.

La vie d'organisation intérieure est d'autant plus prédominante, que la sensibilité **tactile** est plus grande, que le grand **sympathique** est plus développé.

La somme totale de la vie d'organisation est en rapport avec la chaleur du sang et l'intensité de la bile.

La prédominance de la vie cellulaire ou de

végétation est en rapport avec celle de la lymphe sur le sang.

Le foie, premier lien de l'organisation avec la vie cellulaire, est le foyer de la vie intérieure, comme le poumon est celui de la vie extérieure (27). Ces deux organes sont les supports communs de la vie d'organisation.

La tête et les membres, sans cesse sous les influences de la volonté, appartiennent presque sans réserve à la vie extérieure; le tronc et le bassin sont modifiés par les organes qu'ils renferment; la taille appartient à la végétation cellulaire, et la couleur provient du système nerveux tactile interne, ou moteur externe (les insectes, les mollusques, etc.).

Parmi les organes de l'intelligence, l'un, le cerveau, destiné, si je ne me trompe, à recevoir immédiatement l'incitation, qui se dirige de l'intérieur à l'extérieur (à percevoir les modifications du pneumo-gastrique et de toutes les racines du tactile interne), et à transmettre l'excitation à l'extérieur, appartient spécialement à la vie extérieure; et l'autre, le cervelet, qui reçoit immédiatement l'incitation dirigée de l'extérieur à l'intérieur (qui lui vient des sens et du tactile externe), et qui la transmet au cerveau comme il transmet l'excitation involontaire aux organes intérieurs, **est le lien commun de toute l'organisation** (28).

CHAPITRE V.

Considérations générales sur les divers modes de reproduction.

La puissance assimilatrice, par laquelle une étincelle produit un incendie, et sous les influences de laquelle croissent et se multiplient les êtres vivans, ou se propagent les épidémies, est un agent chimique de décomposition et de composition, qui sépare des diverses substances soumises à son action ce qui lui est étranger, et n'en retient que des principes semblables aux siens, auxquels il transmet ses propres mouvemens, son état électrique, sa température, et par suite ses formes intégrantes et ses propriétés.

De tous les phénomènes de l'assimilation, les plus grands sont peut-être ceux que présente la génération des corps organisés (a).

(a) « La puissance que les animaux et les végétaux ont

Quelques atomes émanés de deux êtres différens reproduisent non - seulement les formes
actuelles combinées de ces êtres, mais encore
celles des différentes phases de leur vie, soit
fœtale, soit extra-utérine (les divers fœtus,
les batraciens, les insectes), et celles même
des perfectionnemens successifs qui ont précédé la formation de leur espèce (voyez l'*A-
natomie comparée du cerveau*, par M. Serres).
Ils reproduisent non - seulement les formes,
mais les habitudes de mouvement, les penchans,
les facultés, la prédisposition à certaines difformités, à certaines maladies; ils reproduisent
des êtres d'abord assez simples, mais doués de
tendance à toutes les complications introduites
successivement dans l'espèce, à tous les accidens que la nature a rendus permanens, à toutes les combinaisons qui peuvent résulter du
mélange d'une foule de générations représentées dans les atomes reproducteurs de ces deux
êtres, et qui se combinent entre elles dans la
réunion de ces atomes (29).

» de s'assimiler la matière qui leur sert de nourriture, n'est-
» elle pas la même, ou du moins n'a-t-elle pas beaucoup
» de rapport avec celle qui doit opérer la reproduction? »
(Buffon, *Histoire naturelle*.)

5.

Considérée dans ce haut degré, l'assimilation reproductrice étonne l'imagination et semble réellement un prodige ; elle en est un, sans doute, mais dans son principe : car en l'étudiant d'abord dans ses plus simples phénomènes, et en la suivant pas à pas dans l'évolution de leurs complications successives, on reconnaît qu'elle peut être rapportée constamment à un petit nombre de lois naturelles.

La formation de la monade et d'autres infusoires peut être spontanée, il serait difficile de détruire tous les faits qui l'annoncent. M. Dugès, professeur à l'Ecole de médecine de Montpellier, a prouvé récemment que le vibrion naît de la colle de farine (*Annales des sciences naturelles*). Le polype et l'actinie peuvent être reproduits en entier par la division. Or, si l'on considère comme le germe d'une chose le corps dont elle peut naître, le germe du polype ou de l'actinie est, pour ainsi dire, dans chacune de leurs molécules intégrantes ; et l'on ne peut supposer ici la préexistence et l'emboîtement des germes, sans confondre ceux-ci avec les substances assimilées, et sans prétendre que le tout est contenu dans ses plus petites parties.

La reproduction par division devient d'autant plus difficile, et pour qu'elle ait lieu, la partie reproductrice doit être d'autant plus considérable relativement à la partie reproduite, que l'animal appartient à une organisation plus élevée. Ainsi le lombric peut reproduire sa moitié postérieure ; la limace, ses cornes et même la partie de sa tête en avant du cerveau ; l'écrevisse, ses pattes, ses antennes ses antennules et ses mâchoires ; la salamandre, ses pattes et sa queue (a); mais le lézard ne reproduit que sa queue, et même imparfaitement ; enfin les oiseaux ou les mammifères ne reproduisent que les plumes, les ongles, les cornes ou les poils. Si l'on détruit en ces animaux un des principaux foyers de l'organisation, ils cessent de vivre.

Les animaux que la division reproduit se reproduisent aussi eux-mêmes, soit extérieurement par des gemmes, soit intérieurement par des œufs ; formations qu'on peut rapporter à la seule végétation cellulaire, et qui, comme toutes les parties de l'animal, sont douées d'une puissance assimilatrice suffisante.

Les circonstances qui séparent des propriétés d'abord diffuses dans tout l'animal, pour con-

---

(a) On prétend qu'elle reproduit aussi ses yeux.

centrer spécialement les unes vers la surface
intérieure, les autres vers la surface extérieure,
le divisent pour ainsi dire, en trois parties, la
base cellulaire et les deux branches intérieure
et extérieure de l'organisation. Chacune de ces
trois abstractions de la vie tend à faire prévaloir, dans la reproduction, ses qualités spéciales, les causes de son individualité, et le
principe de sa puissance, et même à franchir
les limites naturelles de l'abstraction, au-
delà desquelles n'existent plus les liens de la
vie commune. Ce résultat d'une exaltation
presque toujours inégale des diverses branches
de la vie, au moment de la reproduction,
rend nécessaire la combinaison des formations
reproductrices créées sous les influences de
chaque abstraction avec celles qui sont créées
sous les influences des deux autres, afin que
l'équilibre renaisse de ce rapprochement d'extrêmes.

Les trois vies concourent chacune à la reproduction par des organes spéciaux. Cette triple
organisation reproductrice, qui constitue l'hermaphroditisme, devient sensible chez les animaux qu'on peut croire doués d'un système
nerveux. Elle suffit, sans distinction de sexes
et sans accouplement, à la génération de ceux

dont la vie d'action diffère peu de celle de végétation, tels que les holoturies et les astéries, parmi les zoophytes; quelques annélides, parmi les articulés; les cirrhopodes, les acéphales et les derniers des gastéropodes parmi les mollusques. Ici tout est femelle; et la femelle se féconde elle-même, par l'union des formations de sa vie d'action à celles de sa vie de végétation.

A un second degré de la vie d'organisation, ses organes reproducteurs, peut-être parce qu'ils sont trop éloignés ou trop séparés de ceux de la vie de végétation, ne concourent que difficilement, ou imparfaitement, ou point du tout, à la reproduction du même individu : l'hermaphroditisme existe encore; mais chaque femelle devient mâle pour une autre femelle ; l'accouplement réciproque devient nécessaire pour former, ou compléter, ou féconder les germes : et tel est le mode de reproduction des douves, parmi les intestinaux; des sangsues et des lombrics, parmi les annélides; de la plupart des gastéropodes et des ptéropodes, parmi les mollusques.

Dans cette sorte d'hermaphroditisme, il arrive que l'organisation s'oppose à l'accouplement réciproque, et alors un premier ani-

mal en reçoit un second, qui en reçoit un troisième, etc. ; on voit des exemples de ces accouplemens moniliformes chez les lymnées, parmi
les mollusques gastéropodes et peut-être chez
les biphores ou salpas, parmi les mollusques
acéphales sans coquilles.

Jusqu'ici l'individu qui produit le germe possède la faculté de le compléter ou de le féconder, et s'il n'exerce pas cette faculté sur son
propre germe, il l'exerce sur celui d'un autre
individu.

A un troisième degré de la vie d'action, les
sexes sont séparés dans deux individus différens, dans l'un desquels (le mâle) la vie
extérieure est presque affranchie de ses liens
avec la vie de végétation ; tandis que dans
l'autre, celle-ci est prédominante. Dans l'un
et dans l'autre, la triple organisation de reproduction existe cependant, mais sous des rapports tels que celle de la vie extérieure est plus
ou moins en défaut chez la femelle, et celle
de la vie cellulaire ou de végétation, chez le
mâle. Dans cet état de choses, l'individu qui
est éminemment dépositaire de la puissance
cellulaire possède seul la faculté de reproduire
la base première de l'animal ; mais il ne peut
que rarement transmettre à cette base, qu'il

est susceptible de procréer d'une manière luxuriante, assez de vie d'organisation ; et presque toujours le concours du mâle, qui possède celle-ci en excès, devient alors plus ou moins nécessaire.

Cette nouvelle répartition des facultés reproductrices est une conséquence de la précédente. Dès l'instant que la vie a divers agens de reproduction, ils peuvent concourir inégalement à la formation de chacune de ses sections, et chacune d'elles peut devenir prédominante dans les individus à la procréation desquels elle a éminemment concouru. Or, leur antagonisme et cette prédominance tendent à former des êtres doués spécialement, les uns de la vie d'action, les autres de celle de végétation, ou chez lesquels les moyens de reproduction de ces deux vies sont inégalement répartis. Un équilibre parfait et constant, mais impossible, entre les deux grandes puissances vitales pourrait seul être un obstacle à ce que la chose pût être ainsi, et rendrait d'ailleurs inutile la séparation des sexes.

Cette théorie est déduite des faits les plus remarquables. Que l'on parcoure toute la ligne du perfectionnement, et l'on se convaincra que la séparation des sexes ne provient que de l'accroissement de la vie d'action (a). On la trouve, d'après les observations de quelques naturalistes, confirmées par celles qu'a faites récemment M. Dugès, chez les vibrions, qui se meuvent continuellement ; elle disparaît chez les polypes et reparaît parmi les intestinaux chez l'ascaride lombrical, les strongles, l'échinorinque, qui vivent dans les intestins, dans l'estomac, et même dans les vaisseaux sanguins des animaux à sang chaud, où ils sont plongés dans une température qui entretient leur activité ; elle disparaît de nouveau chez les échinodermes, qui sont presque immobiles, chez les annélides, chez les mollusques cirrhopodes, brachiopodes et acéphales, qui se meuvent à peine ; et reparaît encore, chez les crustacées, les insectes, et parmi les mollusques gastéropodes chez les pectinibranches, ceux d'entre les animaux de cette classe qui ont le plus de vie et qui acquièrent le plus grand développement. Elle disparaît enfin chez les trois premiers ordres des gastéropodes, dont les

---

(a) « Si vous voyez un animal qui ne puisse changer de » place qu'avec de grandes difficultés, prononcez qu'il doit » être hermaphrodite, comme les plantes toujours fixées au » même lieu. » (*Nouveau Dictionnaire d'histoire naturelle.*)

branchies, saillantes, annoncent l'habitude de vivre dans la fange ; chez les gastéropodes pulmonés, qui, la plupart, sont terrestres et restent sans mouvement pendant une grande partie de l'année, et chez les gastéropodes voisins des acéphales ; et reparaît, pour ne plus disparaître, chez les céphalopodes, ceux d'entre les mollusques qui se meuvent le plus et que l'organisation rapproche le plus des vertébrés (3o), chez lesquels la séparation des sexes devient générale.

Cependant, et ce fait est encore digne d'être remarqué, la nécessité du concours des deux sexes devient douteuse, même dans les divisions du règne animal où ils existent séparés, chez les espèces qui ne jouissent que d'une vie obscure, dont la force motrice est presque nulle, et dont le corps, presque diffluent, ou d'une grandeur démesurée relativement à la force des membres, annonce la prédominance du tissu cellulaire sur l'organisation. Il est de ces espèces où les femelles peuvent engendrer d'autres femelles susceptibles de reproduction sans le concours du mâle, et desquelles naissent plusieurs générations successives douées de la même faculté ; mais c'est chez le puceron, qui vit immobile sur la tige des plantes herbacées ;

chez la daphnie-puce, chez la vivipare à bandes, qui habitent en abondance dans les mares, dans les eaux dormantes, ou dans la terre bourbeuse qui en recouvre le fond; circonstance qui s'oppose au développement de la force motrice. La vivipare à bandes réunit tous les caractères de l'hermaphroditisme, quoique organisée sur le modèle des gastéropodes à sexes séparés (*a*), et montre, en se fécondant elle-même, comment, dans des ordres plus élevés, la femelle peut concourir à sa propre fécondation.

Il est d'autres animaux dont la femelle est susceptible de produire plusieurs générations sans le concours du mâle, après un premier accouplement; mais ce sont l'araignée, la reine abeille domestique, qui ne font presque pas de mouvement.

Comment peuvent cependant se reproduire ces animaux à sexes séparés sans le concours du mâle? Ce n'est plus un problème, si l'on fait attention à l'analogie des appareils de la génération dans les deux sexes; si l'on reconnaît que la seule différence de ces appareils

---

(*a*) Elle a à-la-fois un ovaire et un testicule, un oviductus et un sillon conducteur du sperme, régnant à côté l'un de l'autre.   (M. Cuvier, *Anatomie comparée.*)

d'un sexe à l'autre est dans le rapport de développement de leurs parties, et qu'elle est d'autant moindre, que l'organisation est moins parfaite, ou que la vie extérieure a moins d'activité. Si l'on déduit des phénomènes de la ressemblance entre les produits et les ascendans ce qu'ils offrent de plus constant et de plus clair, c'est-à-dire que le mâle et la femelle concourent à la reproduction par les deux vies d'organisation sous des rapports d'autant plus différens, qu'ils appartiennent à une organisation plus élevée, on sentira que ces rapports doivent être à-peu-près égaux et que par conséquent le concours du mâle, qui n'est nécessaire que pour établir des compensations, peut devenir à-peu-près inutile chez les animaux qui, par leurs habitudes, tiennent la vie extérieure dans l'inertie, et restent ou rentrent dans l'hermaphroditisme parfait, au lieu de s'élever à l'hermaphroditisme imparfait, qui caractérise la séparation des sexes, ou de s'y maintenir s'ils y sont parvenus.

Les organes, tant dans le règne animal que dans le règne végétal, sont utiles avant d'être nécessaires, et nécessaires dans certaines circonstances avant de l'être dans toutes. Ils naissent de l'activité, se perfectionnent sous l'empire du besoin et de la nécessité, et s'oblitèrent ou s'atrophient dans l'oisiveté. Parmi les plantes, il en est, dans de mêmes espèces, d'hermaphrodites et d'unisexuelles, soit monoïques, soit dioïques ; il en est même qui, sur un même pied, réunissent des fleurs hermaphrodites et des fleurs unisexuelles (dans la syngénésie et la polygamie) ; et dans le règne végétal aussi, la séparation des sexes semble être déterminée par l'accroissement de la force exhalante ; il y a beaucoup plus de plantes unisexuelles, et principalement de dioïques, parmi les dicotylédones que parmi les monocotylédones, parmi les plantes ligneuses que parmi les plantes herbacées.

La femelle du puceron se reproduit sans le concours du mâle, non parce que celui-ci a fécondé, dans un premier accouplement, plusieurs générations consécutives, mais parce que ces générations naissent sous des circonstances qui ramènent la femelle dans l'état d'hermaphroditisme parfait, dont elle est très-voisine. Cet état cesse, ainsi que ses effets, lorsque la chaleur de l'été a développé la présence du sucre dans les plantes : alors aussi naissent des pucerons des deux sexes, et l'acccouplement devient nécessaire.

Un premier accouplement peut être utile chez l'araignée ou chez la reine abeille, pour exciter en elles les organes reproducteurs de la vie extérieure. L'excitation mutuelle des sexes met en jeu toutes leurs facultés génératrices.

« Il est certain, dit M. le baron Cuvier en » parlant des lombrics, qu'ils sont hermaphro- » dites; mais il se pourrait que leur rapproche- » ment ne servît qu'à les exciter l'un et l'autre » à se féconder eux-mêmes. »

Les poissons s'excitent en passant et repassant les uns contre les autres; mais ici, à peu d'exceptions près, si tant est qu'il y ait ici des exceptions, les formations de la vie d'action de la femelle ne suffisent pas à féconder celles de sa vie de végétation.

Une première excitation étrangère peut déterminer des excitations spontanées subséquentes, par cette association qui produit dans les animaux la répétition de leurs modifications, et que souvent la chaleur de l'atmosphère seconde.

Si l'on supprimait dans les animaux hermaphrodites un des organes essentiels de l'appareil de la génération, ils ne pourraient plus se reproduire; il en serait probablement de même de la femelle du puceron, si l'on pouvait la priver des analogues, soit de l'épididyme, soit du canal déférent, soit du pénis.

Lorsque Spallanzani a voulu prouver que les plantes pouvaient se reproduire sans le concours des organes masculins, ses tentatives ont été vaines sur le basilic et sur l'hibiscus syriacus (la ketmie des jardins), et l'on peut douter s'il eût mieux réussi sur toute autre plante hermaphrodite; car M. de Mirbel, ayant essayé d'enlever les anthères de diverses espèces de datura (stramoine, famille des solanées), avant l'émission du pollen, les fruits ont constamment avorté. Ce n'est que sur des plantes monoïques (la courge à l'écu, le melon d'eau), ou dioïques (le chanvre et les épinards), que Spallanzani a obtenu un plein succès. Or, qui ignore que c'est par avortement ou par défaut de développement suffisant des organes masculins que les fleurs femelles de ces plantes semblent en être privées, mais que toujours elles en possèdent les rudimens? ce qui peut suffire aux cucurbitacées ou aux arroches, qui sont au règne végétal ce que sont les pucerons et les monocles au règne animal, mais devient insuffisant dans des familles plus élevées, comme le prouvent les essais infructueux de Spallanzani sur quelques euphorbes (la mercuriale et la clutelle), quelques joubarbes (la rhodiole), et sur le chamérops.

Il suffit d'avoir suivi le chanvre dans sa fructification pour s'être assuré que souvent la même plante porte des fleurs mâles à côté de fleurs femelles; ce qui montre la prédisposition de l'espèce à posséder les deux sexes dans un même individu, ou à se suffire à elle-même dans la génération.

Dans la reproduction des plantes dioïques, comme dans celle des animaux à sexes séparés, il y a une double représentation, celle du mâle et celle de la femelle.

Dans la reproduction des plantes hermaphrodites, il n'y a qu'une seule représentation comme dans celle des mollusques acéphales. Il peut y en avoir deux cependant; les ovules d'une fleur peuvent être fécondés par son propre pollen et par celui d'une autre fleur, et la chose se passe ainsi, en effet, dans l'hybridation naturelle; mais une même fleur peut-elle être fécondée par deux mâles étrangers? La double paternité ainsi conçue n'est pas plus constante, quoique plus vraisemblable, chez les plantes que chez les animaux, et il ne paraît pas que la double hybridation réussisse mieux sur les plantes dioïques que sur les plantes hermaphrodites.

6

Cependant, puisque l'hybridation produit les mêmes effets chez les unes que chez les autres, la combinaison du sujet fécondant avec le sujet fécondé, ou plutôt celle de leurs représentations, il est probable que la fleur du sujet femelle de la plante dioïque concourt à sa propre fécondation, comme celle de la plante hermaphrodite; c'est-à-dire qu'elle a son pollen comme celle-ci, ou du moins la matière fécondante contenue dans le pollen.

L'analogie nous induit donc encore à supposer que, chez les animaux à sexes séparés, la femelle a aussi sa liqueur séminale.

La reproduction sans le concours des deux sexes devient très-rare, si elle n'est tout-à-fait nulle, dans les classes du règne animal, où la vie d'action a une base spéciale à la surface extérieure, ou chez les animaux pourvus d'une peau (*a*). Ici, la complication de l'organisation

---

(*a*) On a prétendu que certains poissons, les merlans, les carpes, les fistulaires, les syngnathes étaient hermaphrodites; mais il n'y a rien de moins prouvé que cela. Quelques faits solitaires seraient d'ailleurs des anomalies, ou plutôt d'insignifiantes monstruosités, comme l'hermaphroditisme humain, et l'on ne pourrait en rien conclure pour l'espèce. S'il était vrai cependant qu'il n'y eût que des fe-

devient une nouvelle cause d'abstraction des diverses branches de la vie, et rend encore plus grande la différence de leurs organes reproducteurs et celle de leurs rapports dans les deux sexes. D'ailleurs, plus l'organisation est compliquée, plus elle a d'influence dans la reproduction, plus il y a de causes d'association entre l'organisation de la vie et celle de reproduction, plus l'exubérance des forces vitales accroît la turgescence des organes reproducteurs prédominans dans chaque sexe, dont l'influence sur le reste de l'organisation rend encore plus inégale la répartition des trois vies entre les deux sexes. L'époque de l'adolescence devient celle d'une métamorphose, où la femelle vertébrée passe spécialement sous l'influence de la vie de végétation, et le mâle sous celle de la vie d'organisation ; et l'observation nous apprend que cette métamorphose est déterminée par le développement des organes prédominans de la génération : car elle n'a pas lieu si l'on supprime l'action de ces organes, ou elle change si leurs rapports changent.

---

melles chez les raies et chez les anguilles, la vie de ces animaux est tellement obscure, que ce fait viendrait à l'appui de nos idées, bien loin de les combattre.

6.

L'accroissement des capacités vitales , par la complication de l'organisation , devient donc un obstacle à l'hermaphroditisme chez les vertébrés , parce qu'il rend trop complète l'abstraction des deux vies extrêmes à l'époque de la reproduction , et ne laisse plus entre elles d'équilibre : d'où il suit que chaque sexe reproduit en excès la vie qui lui est propre ; et en défaut, celle de l'autre sexe.

Cependant, ce rapport entre les deux vies d'un même sexe n'est pas tel que l'une soit tout et l'autre rien ; que l'une soit parfaitement représentée dans la génération, et l'autre point du tout. Les phénomènes des ressemblances écartent l'idée de l'inaction totale d'une vie dans la reproduction ; car ils montrent qu'il n'est rien dans l'ascendant qui ne passe dans le descendant.

La représentation se complique dans la génération en même temps que l'organisation et ses modes de reproduction se compliquent. Dans les formations du polype ou du mollusque acéphale, un seul type est représenté. Dans l'embryon du mollusque gastéropode, sont représentés le tissu cellulaire d'un individu et l'organisation de l'autre ; dans celui du mammifère, sont réunies, sous des rapports bien différens, les trois vies de la mère et du père.

L'abstraction de chacune des deux vies d'organisation invite à soupçonner que les deux sexes peuvent se reproduire sous les influences, tantôt de l'une, tantôt de l'autre, et les ressemblances convertissent ce soupçon en certitude.

Le perfectionnement produit les mâles, avons-nous dit : or, en effet, le nombre des mâles est en rapport avec le perfectionnement ou avec le développement de la force motrice ; chez les insectes et chez les poissons, le nombre des femelles est bien plus grand que celui des mâles ; chez les oiseaux et chez les mammifères, on compte autant et même plus de mâles que de femelles.

CHAPITRE VI.

Considérations particulières sur l'organisation de reproduction.

Soumise à la première loi de l'organisation, la faculté de reproduction, commune à toutes les molécules du polype, se concentre dans un appareil d'autant plus compliqué, d'organes d'autant moins nombreux dans une même attribution, que l'organisation est plus avancée.

Cet appareil se compose principalement, chez le mâle, du pénis, des testicules et des vésicules séminales; et chez la femelle, du clitoris, des ovaires et de l'utérus.

L'analogie de ces organes dans les deux sexes m'autorise à ne les examiner que dans un seul.

Le pénis que le derme recouvre est éminemment fibreux; le sang veineux afflue dans ses cellules caverneuses, comme dans le poumon; des nerfs très-gros, fournis par les paires sacrées, s'y rendent et y enveloppent de leurs nombreux filets les veines ainsi que les artères. Le pénis appartient à la vie extérieure de l'animal, comme l'étamine appartient à la vie extérieure de la plante.

Le testicule, qu'enveloppe immédiatement un prolongement du péritoine, et dont les nerfs viennent des plexus mésentérique et rénal, appartient évidemment à la vie intérieure.

Considérés dans les animaux de même espèce ou d'espèces voisines, le pénis et le testicule sont en rapport, l'un avec la capacité du poumon, la chaleur du sang et le volume du cerveau; l'autre avec le volume du foie et celui du cervelet.

La vésicule séminale, organe membraneux,

ne peut être considérée comme un simple réservoir de la semence ; car la forme intérieure
d'un réservoir aisément extensible est déterminée par la pression du liquide qu'il contient,
et devient ovale ou arrondie (l'estomac et la
vessie), à moins qu'un obstacle ne s'y oppose.
Or, la vésicule séminale est plus ou moins rameuse à l'extérieur, plus ou moins sinueuse
à l'intérieur ; et d'ailleurs, comme le fait observer M. Cuvier, la nature glanduleuse de sa
paroi doit faire penser qu'elle n'est pas seulement un organe collecteur. La vésicule séminale, ainsi que l'utérus, sécrète une humeur
susceptible de se convertir en membranes (31).
Elle est en rapport d'activité avec la prédominance cellulaire.

Le testicule, comme le foie, devient le lien
du tissu cellulaire avec l'organisation ; et de
même que l'organisation vitale a deux points
d'appui, le foie et le poumon, de même aussi
l'organisation reproductrice a deux foyers, qui
sont les analogues, l'un du foie, l'autre du poumon ; la nature organise la reproduction comme
elle a organisé la vie.

On n'a vu dans le pénis qu'un organe introducteur de la semence ; mais si c'était là son
unique destination, on pourrait demander quel

est l'usage du clitoris, sur-tout lorsqu'il est très-développé, ou celui des pénis qui ne sont pas percés. Est-ce pour introduire le pollen dans le pistil que les étamines sont créées? Leur fonction deviendrait évidemment nulle dans les plantes monoïques ou dioïques, ou même dans les plantes hermaphrodites, qui, comme les sauges ou les câpriers, ont le pistil d'une longueur disproportionnée. Il n'est guère vraisemblable que la forme des organes d'un être soit déterminée par les besoins d'un être différent.

Ainsi que le testicule, le pénis croît extraordinairement à l'époque de la puberté, ou dans la saison des amours et avant tout accouplement. Ce fait, qui a paru à Buffon digne d'être observé, est, en effet, très-remarquable. Le développement d'un organe est toujours déterminé par l'exercice antérieur ou actuel de ses propres attributions : celles des pénis ne se bornent donc pas à introduire la semence.

M. Geoffroy-Saint-Hilaire a vu, dans le corps caverneux, un appareil électrique, et cette idée me semble juste et lumineuse. Cet appareil reçoit, en effet, une grande quantité de sang veineux, dont l'affinité avec l'incitant moteur ou l'excitant tactile est telle, qu'il en dépouille le gaz oxigène. Les deux principes d'excitation réciproque seraient donc fournis à-la-fois, dans cet organe, l'un par les nerfs, l'autre par le sang veineux.

Le pénis est sous les influences des sens et de l'attention ou de l'imagination ; et lorsque la sensibilité en est extrême, la semence devient susceptible de déterminer les contractions qui la chassent, comme le sang veineux vivifié dans les poumons peut déterminer celles qui le font circuler.

Les excitations du pénis occasionent et accélèrent les sécrétions du testicule, comme l'abondance de ces sécrétions occasione l'érection du pénis. Semblables aux appareils nerveux qu'ils représentent et qu'ils doivent reproduire, le pénis et le testicule concourent à fournir, chacun en ce qui les concerne, les élémens de la pile vitale, dont la réunion forme les représentations reproductrices disséminées dans le sperme ; ils reçoivent chacun des nerfs sensitifs et des nerfs excitateurs ; mais ceux du pénis appartiennent à la vie extérieure, et ceux du testicule à la vie intérieure. Dans l'un et dans l'autre, il y a de nombreux vaisseaux sanguins, soit veineux, soit artériels. Tous les élémens de l'excitation réciproque des deux systèmes nerveux sont donc présens dans ces deux organes. Il n'est donc guère permis de douter qu'ils ne concourent ensemble à la formation du sperme par la condensation, et peut-être par la concrétion des fluides nerveux, soit esprits, soit excitans ou incitans.

Si nous considérons le développement des trois organes de reproduction dans les deux sexes des mammifères, nous voyons : 1°. que celui du pénis est le plus grand chez le mâle, et le moindre chez la femelle ; 2°. que celui du testicule est aussi plus grand chez le mâle que chez la femelle ; 3°. que celui de l'utérus est à son plus haut degré chez la femelle, et à son plus bas degré chez le mâle.

Si nous examinons les rapports de la constitution des deux sexes, nous les trouvons absolument en harmonie avec ceux de leurs organes de reproduction.

Si nous portons notre attention sur l'état du mâle et de la femelle aux époques où ils peuvent se reproduire, l'un est dans l'exaltation des forces motrices, et l'autre dans celle des forces sensitives et de la puissance cellulaire.

Le mâle et la femelle ne diffèrent pas l'un de l'autre dans les commencemens de la vie utérine, et ils ne diffèrent ordinairement à la naissance que par l'organisation sexuelle. Mais leur différence devient grande et générale lorsque le testicule et l'utérus entrent en activité lorsque l'époque de la reproduction est arrivée. Cette époque est-elle passée, soit naturellement, soit par accident, cette différence diminue; le mâle prend des formes féminines, et la femelle prend des formes masculines. Mais c'est la perte du testicule qui détermine ce changement chez le mâle, et c'est l'inertie de l'utérus qui le produit chez la femelle; car la perte de l'ovaire occasione chez celle-ci des effets analogues à ceux de la perte du testicule chez celui-là (la castration produit les mêmes effets sur la chair de la femelle que sur celle du mâle).

La vie de végétation et celle d'organisation déterminent la naissance et le développement de leurs organes reproducteurs, et en reçoivent un surcroît d'activité.

La femelle, à quelques exceptions près, n'entre en chaleur qu'à des époques déterminées et périodiques, et cette périodicité rapproche sa reproduction de celle des végétaux. Elle est prédisposée à la génération plus spécialement par la nourriture que par la présence du mâle; plus elle mange, plus elle produit ; tandis que le mâle est constamment excité par la présence de la femelle, et semble susceptible de se passer d'alimens lorsqu'il est sous l'influence de cette excitation. Du degré de prédominance du tissu cellulaire dépend la capacité de reproduction de la femelle ; de celui de l'organisation dépend celle du mâle. L'organisation enfin ne s'affranchit des liens cellulaires qu'au détriment de la reproduction ; car plus elle est parfaite, plus le nombre relatif des mâles augmente, et moins la femelle produit.

La puissance de végétation suffit à déterminer les formations de reproduction cellulaire de la femelle (de la cicatricule ou de son analogue), dans toutes les classes inférieures à celle des mammifères ; mais, dans celle-ci, les cicatrices des ovaires, dont le nombre est égal à celui des fœtus, déposent que le tissu cellulaire ne se reproduit plus naturellement, même aux époques périodiques, hors des excitations de l'accouplement, et par conséquent hors des influences de l'organisation (32). La femelle mammifère (la brebis, la vache, la jument), qui n'est pas fécondée à une première époque de chaleur, l'est difficilement aux époques suivantes ; quelquefois même elle devient infertile, et son appétence pour le mâle en est augmentée.

Au plus haut degré de l'organisation, la femelle reçoit le mâle hors des époques périodiques; mais la fécondation ne date que de ces époques, et cependant les accouplemens trop fréquens épuisent, détruisent même la fécondité, et suffisent très-souvent à donner à la femelle des caractères masculins.

De ces derniers faits, on peut déduire, si je ne me trompe, 1°. que la reproduction de l'organisation et celle du tissu cellulaire n'obéissent pas aux mêmes lois, mais qu'elles ont entre elles, comme les deux vies qu'elles représentent, des relations de dépendance réciproque; 2°. que le mâle est latent dans la femelle, puisque l'exercice immodéré des organes sexuels l'y développe.

Si l'on considère comme des formations reproductrices du mâle les animalcules qui nagent dans le sperme, ce qui n'est plus une supposition gratuite depuis les belles observations de MM. Prévôt et Dumas, l'existence de plusieurs de ces formations mouvantes étant antérieure à l'accouplement (33), on ne peut les rapporter toutes aux incitations de la vie extérieure; leur mouvement prouve cependant qu'elles ne sont pas de simples végétations cellulaires; et rien ne s'oppose à ce qu'on rapporte à l'action lente et soutenue de l'organisation intérieure, et à ses influences sur la vie extérieure, celles de ces formations qui sont produites hors des excitations des sens et de l'imagination.

Quelques jours après l'accouplement, on rencontre dans l'utérus un ou plusieurs ovules dans lesquels sont inclus les rudimens de l'embryon.

La question, si l'ovule existe tout formé dans la vésicule de l'ovaire, a déterminé de nombreuses recherches. De Graaf et Malpighi ont cru l'y apercevoir; Vallisnieri n'a jamais pu l'y découvrir; Buffon a nié qu'il y fût; M. Plagge a confirmé par ses observations celles de de Graaf, et enfin MM. Prévôt et Dumas les ont sanctionnées de leur assentiment.

Si par ovule on entend, chez les mammifères, l'analogue du corps qui a reçu le nom de cicatricule chez les oiseaux, il ne me paraît pas douteux qu'il n'existe réellement dans l'ovaire; mais si par ce mot on entend l'œuf complet, fécondé, pourvu de ses enveloppes, il me semble qu'il n'est pas exact de dire qu'il est tout formé dans l'ovaire ; et MM. Prévôt et Dumas n'ont pu avoir là-dessus une opinion différente de la mienne, puisqu'ils pensent avec moi que la fécondation, qui change la forme et ajoute à la valeur de la cicatricule, ne s'opère pas dans l'ovaire. A l'appui de cette dernière proposition, qui n'est pas admise par tous les physiologistes, je présenterai les considérations suivantes :

1°. La poule, après avoir été cochée une seule fois, fait pendant vingt jours des œufs féconds. L'éclosion de tous ces œufs demande également une incubation de vingt et un jours : or, s'ils avaient été fécondés dans l'ovaire, comme la chaleur intérieure de la poule est au moins égale à celle de l'incubation ordinaire, vingt-quatre heures d'incubation suffiraient au dernier œuf de la ponte.

Dira-t-on avec Buffon que le poulet ne peut se développer sur l'ovaire ou dans l'oviducte, parce qu'il ne peut y transpirer ; mais les petits des animaux ovo-vivipares ne se développent-ils pas dans l'oviducte ? Y sont-ils cependant placés sous d'autres circonstances que le poulet ? Dans le commencement de l'incubation, l'air n'est pas nécessaire à l'embryon, la chaleur alors lui suffit.

2°. Les grossesses extra-utérines prouvent que l'ovule peut se greffer sur l'ovaire et dans l'abdomen comme sur l'utérus; on peut les rapporter au mouvement antipéristaltique des trompes dans les rapprochemens des sexes postérieurs à la conception; et c'est pourquoi, sans doute, ces sortes de gestations sont inconnues chez les animaux, dont les femelles ne reçoivent plus le mâle après la fécondation; mais si l'œuf était complet dans l'ovaire, le nombre de ces gestations, et surtout celui des gestations ovariennes, seraient très-probablement plus grands encore que celui des gestations utérines (a).

3°. Il est bien constant que la fécondation est possible hors des ovaires, puisqu'elle se fait au dehors même de l'animal chez les batraciens et chez la plupart des poissons; mais on peut douter si elle l'est aussi sur l'ovaire, puisque ni Spallanzani, ni MM. Prévôt et Dumas n'ont pu jamais y obtenir les fécondations artificielles qu'ils y ont tentées.

4°. D'après MM. Prévôt et Dumas, l'ovule

(a) D'après Bianchi, le nombre des œufs qui échappent de la trompe doit être plus grand que celui des œufs introduits dans l'utérus.

qn'on rencontre dans l'utérus, a au moins un millimètre de diamètre : or, l'eût-on cherché si long-temps dans la vésicule de l'ovaire sans l'y rencontrer, étant instruit d'avance, comme on l'a été, de ses véritables dimensions et de sa consistance ?

L'oviductus, les cornes de l'utérus, l'utérus lui-même, sont des continuations et des auxiliaires de l'ovaire. Dans les basses classes du règne animal, l'œuf acquiert toute sa perfection dans l'ovaire ; mais plus l'animal se perfectionne, ou plus sa vie extérieure s'abstrait de sa vie de végétation, plus aussi l'œuf est incomplet, lorsqu'il passe de l'ovaire dans l'oviductus, ou dans les cornes de l'utérus.

Ainsi, chez les polypes, le germe se développe à l'extérieur : dans les ordres plus élevés, il se forme à l'intérieur de l'animal, et l'on appelle ovaire le corps auquel les germes sont d'abord adhérens. Chez les échinodermes, les ovaires sont des grappes qui aboutissent à l'anus. Sous un plus haut degré de perfectionnement, les ovaires sont dans l'intérieur d'un ou de plusieurs tubes simples ou ramifiés ; la partie de ces tubes que traverse ou dans laquelle séjourne le germe, après s'être détaché du point où il a pris naissance, a reçu le nom d'oviductus ou celui d'utérus. L'ovaire ne se distingue pas de l'oviductus lorsque les germes se forment sur tout le trajet interne du tube (les vers); il s'en distingue d'autant plus, que l'oviductus est plus long, plus compliqué, et qu'il prend plus de part à l'éducation interne du germe, laquelle consiste à lui fournir ce qui est nécessaire à son développement. Plus l'animal est voisin du zoophyte, moins le germe a besoin d'éducation interne; mais plus il se complique, plus aussi cette éducation devient indispensable et de longue durée. Elle est presque nulle chez les insectes, chez les mollusques acéphales, chez les poissons qui se reproduisent sans accouplement : dans tous ces animaux, l'ovaire se confond, pour ainsi dire, avec l'oviductus; mais elle devient de plus en plus importante, si l'on passe des poissons aux reptiles, aux oiseaux et aux mammifères.

D'après les expériences de Spallanzani, l'œuf des batraciens reçoit dans l'oviductus une chose nécessaire au développement du têtard, mais qui ne change presque pas la forme ou le volume de cet œuf.

Chez les oiseaux, l'œuf reçoit dans l'oviductus l'albumen qui doit servir à la nutrition de toute l'organisation extérieure, et les en-

veloppes qui doivent se continuer dans les tégumens de l'embryon ; il a reçu dans l'ovaire
la partie de la cicatricule fournie par la femelle,
et le vitellus spécialement destiné à la nutrition
du foie (a) avec sa membrane attachée par un
pédicule à l'intestin, qui n'en est probablement
que la continuation.

Enfin, chez les mammifères qui occupent
le plus haut degré de l'échelle animale, l'organe éducateur interne est aussi le plus compliqué ; et l'exiguité du germe sortant de l'o-
vaire invite à supposer qu'il n'est encore qu'une
essence destinée à se compléter dans les cornes
ou dans le corps de l'utérus. Ici, il n'existe pas
d'œuf sans fécondation ; et il n'est pas permis
de soupçonner que l'œuf, tel qu'on l'aperçoit
d'abord dans les cornes de l'utérus, contienne
un vitellus et soit autre chose que l'analogue
de la cicatricule des oiseaux. Le vitellus se
rencontre plus tard dans la vésicule ombilicale, et sous un volume plus considérable que
celui de l'ovule primitif : il est donc à peu près

(a) Le jaune sert à la nutrition du foie, d'après des observations sur les rapports de développement de cet organe
avec le décroissement du jaune, faites sous mes yeux par
mon fils, Louis Girou.

certain qu'il vient de l'utérus, ainsi que son enveloppe et la membrane qui sert de base à l'intestin, laquelle, d'après M. Velpeau, n'est qu'une continuation de la vésicule ombilicale.

D'autres considérations rendent vraisemblable cette disjonction primitive des parties d'un même tout, ou des diverses formations qui doivent concourir à le produire.

D'après des observations rapportées par M. Andral fils, dans son excellent article du *Dictionnaire de médecine*, sur les monstruosités, il paraît constant que la portion sus-diaphragmatique du tube digestif peut se former indépendamment de la portion sous-diaphragmatique.

« On a vu quelquefois, dit cet auteur, la » bouche et le pharynx bien formés, mais » celui-ci se terminait en cul-de-sac; on ne » trouvait aucun vestige d'œsophage, et l'es- » tomac lui-même n'avait pas d'orifice car- » diaque. Il semble que, dans ce cas, la forma- » tion de la partie sus-diaphragmatique du tube » digestif ait lieu de la bouche vers l'estomac. »

Ce fait rend très-probable, si je ne me trompe, que ce tube est formé en deux temps, ou qu'il résulte de la réunion de deux formations différentes. Or, en ce cas, rien ne combat la supposition que l'une de ces formations , celle qui est sous les influences de l'organisation, vient de l'ovaire; tandis que l'autre, celle qui appartient spécialement à la vie de végétation, provient de l'utérus. Cette supposition facilite l'intelligence des causes de la transposition générale des viscères thoraciques et abdominaux, dont quelques monstruosités offrent l'exemple. (Buffon, *Histoire naturelle*, tome IV du *Suppl.*, édit. in-4°.)

Je ferai observer encore que plus l'animal se perfectionne, plus l'ovaire de la femelle devient petit, comparé au testicule du mâle ; tandis que l'utérus devient grand, comparé aux vésicules séminales : ce qui indique, si je ne me trompe, que, dans la progression du perfectionnement, la puissance reproductrice de l'organisation, qui prédomine chez le mâle , tend à se séparer de celle qui reproduit la vie de végétation, qui prédomine chez la femelle ; et que la première reste concentrée dans le testicule ou dans l'ovaire, tandis que la seconde passe dans les vésicules séminales ou dans l'utérus.

Nous voilà en état d'expliquer pourquoi, indépendamment de la fécondation, les ovipares produisent des œufs, tandis que les mammifères n'en produisent point.

Les rudimens de l'œuf des mammifères (la cicatricule), étant privés de la base de la vie de végétation (le jaune), sont sans action sur son accessoire (l'albumen), tant que la vie d'organisation demeure inerte par défaut de fécondation. Ils avortent donc, et se dissipent; tandis que ceux des oiseaux, accompagnés d'un des élémens de la pile végétale (le jaune), près duquel le second (l'albumen) est sollicité de se rendre, peuvent croître et se compléter. Si l'œuf des mammifères était en tout point l'analogue, au sortir de l'ovaire, de celui des ovipares, comment serait-il empêché de recevoir dans les cornes de l'utérus les développemens que celui-ci reçoit dans l'oviductus ?

Quant aux autres membranes, il est bien constant d'abord que, chez les mammifères, la membrane caduque se forme dans l'utérus, et l'on peut conclure des observations de M. Velpeau que le chorion et l'amnios sont d'abord indépendans de la cicatricule, puisqu'ils sont séparés, dans le principe, des tégumens dans lesquels ils doivent se continuer. D'ailleurs, lorsque deux fœtus ont des enveloppes communes, il devient vraisemblable qu'aucun des deux n'en a jamais eu de particulières, et que ce n'est qu'après la fécondation , ou après leur introduction dans l'utérus , qu'ils ont reçu celles qui les tiennent rapprochés et réunis.

Il y a, cependant, des germes cellulaires dans les ovaires des mammifères , sur lesquels se fixent les représentations nerveuses de la femelle ; mais, dans cette classe d'animaux, où la vie extérieure est abstraite de la vie cellulaire, l'organe destiné à la reproduction de la vie d'organisation ne reproduit qu'imparfaitement celle de végétation , qui doit se compléter dans un autre organe, que l'abstraction lui a spécialement affecté.

On ne verra, dans cette abstraction des diverses puissances de reproduction , qu'une conséquence de la loi générale de l'organisation , d'après laquelle les facultés de même nature tendent à se concentrer, à se réunir dans des organes spéciaux ; tandis que les facultés de nature différente s'isolent et restent séparées les unes des autres, sous les influences de l'association qui les retient dans les liens de la vie commune.

Plus les abstractions sont nombreuses dans l'organisation, ou plus l'animal est élevé dans l'ordre du perfectionnement, plus sa reproduction devient compliquée et difficile ; car

elle exige le concours d'un nombre proportionnel de puissances reproductrices, dont les
attributions individuelles sont de procréer des
formations où chacune d'elles soit fidèlement
représentée; tandis que les autres ne le sont
que faiblement ou presque point du tout. De la
réunion de ces formations résulte la représentation totale de l'animal.

Ainsi, chez les mammifères, où l'organisation de reproduction est bien plus compliquée
que chez les classes inférieures, le corps caverneux, les prostates, les glandes de Cowper, les
vésicules séminales et les testicules, ont chacun,
probablement, des attributions particulières
dans la génération.

Les vésicules, les prostates et les glandes de
Cowper n'existent pas ensemble dans tous
les ordres de mammifères; mais ces organes
peuvent ou se suppléer réciproquement, ou
être suppléés par les testicules ou par les
corps caverneux; et cela arrive sans doute
lorsque la branche de l'organisation que chacun
doit représenter n'est pas assez abstraite pour
avoir un appareil particulier.

Ces trois organes existent distinctement chez
les quadrumanes; mais les carnassiers et les
ruminans n'ont pas de vésicules séminales : la

plupart des rongeurs sont privés de prostates ;
les plantigrades, les solipèdes, les chiens et
autres digitigrades manquent de glandes de
Cowper ; chez le hérisson et la taupe, on ne
trouve ni prostates ni glandes de Cowper ; plusieurs plantigrades, plusieurs ruminans et les
phoques sont dépourvus de vésicules séminales
et de glandes de Cowper. Mais on peut remarquer que, chez les animaux privés d'un de ces
organes, un autre organe annonce, par son
développement, qu'il est l'auxiliaire de celui
qui manque : ainsi les vésicules séminales ou
leurs accessoires sont énormes chez le hérisson et la taupe ; elles sont très-développées
chez la plupart des rongeurs ; les prostates sont
très-considérables chez les ours, les ruminans
et les solipèdes ; les glandes de Cowper sont
remarquables chez les carnassiers, les rongeurs
et les ruminans, et surtout chez les animaux
à bourse, où on les rencontre quelquefois absolument seules (*Anatomie comparée*, de M. le
baron Cuvier) ; et enfin la partie vasculaire de
la verge est très-considérable chez les solipèdes
et les chiens.

S'il m'était permis de présenter quelques conjectures sur les attributions de ces organes, je
considérerais 1°. les prostates, les vésicules

séminales et les testicules ou leurs canaux déférens comme parties réciproquement com-
plémentaires d'un même appareil reproducteur
de la vie intérieure, et j'attribuerais spécialement aux testicules la partie nerveuse, aux
vésicules la partie muqueuse ou cellulaire,
et aux prostates la partie albumineuse des sécrétions de cet appareil ;

2°. Les glandes de Cowper, le tissu vasculaire de l'urètre et les corps caverneux, comme
formant aussi ensemble un autre appareil reproducteur de la vie extérieure, dans lequel les
corps caverneux fourniraient surtout les principes d'excitation et les esprits ; et les glandes de
Cowper, l'excipient de ces esprits ou de ces principes, ou la matière nerveuse ou fibreuse qu'ils
doivent animer, lesquelles substances ne diffèrent peut-être pas beaucoup de celles que
sécrète la partie vasculaire de l'urètre ou le
corps caverneux.

Le bulbe de l'urètre serait, dans ce dernier
appareil, l'analogue des vésicules séminales dans
le premier.

A l'appui de ces conjectures, je proposerais
les considérations suivantes :

1°. C'est vers le même point, c'est dans la
première partie de l'urètre que se rendent les

canaux déférens, les excréteurs des vésicules séminales ou de leurs accessoires, et ceux des prostates.

2°. Les prostates n'existent pas là où la vie de végétation prédomine, chez les femelles par exemple, ainsi que chez les hérissons, les taupes et la plupart des rongeurs, tous remarquables par le grand développement des vésicules séminales, par la presque nullité de la vie d'action et par leur facile et nombreuse reproduction; tandis que, au contraire, ce sont les vésicules qui manquent chez les carnassiers et les animaux coureurs, remarquables par le grand développement des prostates et la prédominance de la vie extérieure sur celle de végétation.

3°. L'orifice des excréteurs des glandes de Cowper est situé, chez le mâle, dans la seconde partie et dans le bulbe de l'urètre, vers le point où les deux branches des corps caverneux se réunissent; et chez la femelle, dans l'intérieur de la vulve, près du vagin.

4°. Les glandes de Cowper sont d'autant plus grandes ou plus nombreuses, que la partie vasculaire de l'urètre est plus petite. Elles sont plus grandes chez les quadrumanes qui ont un os dans la verge, que chez l'homme qui n'y en a pas. Elles sont très-remarquables chez les didelphes, les rongeurs, l'hyène, les civettes, les chats, les mangoustes, dont la verge proprement dite est très-peu alongée. Mais le lièvre, qui a la partie musculeuse de l'urètre plus courte que les autres rongeurs et par conséquent la partie vasculaire plus grande, est le seul de cet ordre qui soit privé de ces glandes. Elles existent chez la plupart des ruminans et chez le sanglier, dont la verge est alongée, mais grêle ; tandis que les solipèdes et les chiens, dont la verge est très-vasculaire, en sont privés ainsi que l'ours, le raton, le blaireau, les martres, le phoque, la loutre, dont la verge a des rapports spéciaux avec celle des chiens (l'os pénial en occupe la très-grande partie, elle est d'ailleurs fort grosse et très-vasculaire au-dessous de ce point), et le hérisson, dont la partie vasculaire de l'urètre est prolongée.

Enfin, toutes les circonstances qui tendent à diminuer la capacité vasculaire de la verge déterminent la présence ou augmentent la capacité des glandes de Cowper.

5°. S'il faut en juger par la consistance, par la couleur blanche bleuâtre de l'humeur fournie par ces glandes, elles sécrètent la partie éminemment gommeuse du sperme (*a*), celle qui caractérise le sperme le plus fécondant, celui des animaux jeunes et vigoureux.

Il y aurait donc un appareil de reproduction de la vie extérieure, analogue à celui qui reproduit la vie intérieure et susceptible des mêmes abstractions et des mêmes complications que celui-ci. Les diverses pièces de ces deux appareils seraient utiles sans doute; mais on ne pourrait affirmer qu'elles fussent également nécessaires et que la fécondation devînt impossible, parce qu'il y aurait absence ou oblitération des prostates ou des glandes de Cowper : le cristallin est utile à la vision; mais on l'enlève ou on le déplace dans l'opération de la cataracte, et la vision est encore possible.

.L'organisation de reproduction suivrait donc la marche qu'a suivie l'organisation de la vie,

---

(*a*) En parlant des glandes de Cowper du Souslik, Vicq-d'Azyr dit qu'elles contiennent une mucosité tenace, qui ressemble à la gomme-adragant et qui se gonfle dans l'eau. Or, les gommes se composent de plus de 0,40 de carbone, et, pour le surplus, d'hydrogène et d'oxigène dans les proportions pour faire de l'eau. Le carbone, que je considère comme l'excipient du fluide résineux ou de l'incitant sensitif, est très-probablement fourni par le sang veineux.

et serait en constant rapport avec celle-ci. D'abord diffuse sur la surface interne d'un canal, dans laquelle se continuent les deux surfaces de l'animal, elle se diviserait ensuite sur le trajet de ce canal, dont elle compliquerait les sinuosités et dont la partie la plus intérieure fournirait l'appareil reproducteur de la vie intérieure; tandis que la partie la plus extérieure fournirait celui de la vie extérieure (a).

En s'unissant aux sécrétions des vésicules séminales, des prostates, des glandes de Cowper et de la partie vasculaire de l'urètre, les formations des testicules recevraient des modifications successives, dont le résultat ultérieur serait un composé capable de reproduire éminemment les facultés ou les qualités représentées dans ces diverses sécrétions.

Serait-on autorisé à repousser ces idées sur l'abstraction des puissances reproductrices et sur la séparation de leurs sécrétions avec tendance au rapprochement, parce qu'elles seraient en opposition avec des idées déjà préconçues

---

(a) Le testicule est plus constamment et plus profondément situé dans l'abdomen que le pénis Ces rapports de situation sont encore plus sensibles chez la femelle que chez le mâle.

d'unité? Mais celles-ci elles-mêmes ne seraient-elles pas en opposition manifeste avec le fait constant de la séparation des sexes et de la nécessité du rapprochement de leurs formations, qui certainement ne sont pas homogènes, et dont les unes doivent devenir le complément des autres?

L'abstraction des deux sexes est bien plus complète que celle du pénis et du testicule, ou que celle de chacun des organes et de leurs accessoires; et l'union de ces formations reproductrices du mâle à celles de la femelle n'est pas moins merveilleuse que celle des diverses sécrétions d'un même appareil.

Mais rien de tout cela n'est difficile à concevoir, si l'on s'en fait une idée juste, si l'on se représente l'abstraction comme une division dans laquelle les choses séparées sont analogues, ont des rapports communs, ne diffèrent que par de légères nuances, ou sont liées par des termes moyens qui établissent une gradation insensible, et conservent de la tendance au rapprochement par suite de ces rapports, de cette différence et de leurs affinités réciproques.

La complication de la vie est une conséquence de l'organisation, et l'abstraction est une conséquence de la complication de la vie.

L'unité des abstractions est dans le lien qui les enchaîne. Plus l'organisation est élevée, plus il y a de distance entre la vie de végétation et la vie extérieure, et plus il est besoin de termes moyens pour unir ces extrêmes.

L'animal dépourvu d'organisation naît peut-être spontanément ; celui qui a déjà reçu d'un commencement d'organisation une forme déterminée se produit d'un seul jet, il est représenté dans toutes les parties de lui-même ; mais celui qui a une organisation plus ou moins compliquée renaît de la réunion de formations différentes plus ou moins nombreuses, créées par un seul ou par deux individus différens. Chacune de ces formations représente spécialement la branche de la vie qui a présidé à sa naissance, et plus ou moins faiblement les autres branches. Aucune d'elles n'est entièrement étrangère à la représentation. Je n'en excepte pas l'enveloppe calcaire des œufs, qui porte souvent, dans les nuances de ses couleurs, les empreintes de l'organisation à laquelle elle a appartenu. Ainsi, l'animal est représenté dans toutes ses formations reproductrices ; mais il ne l'est bien, et sous des rapports convenables de toutes les branches de la vie, que par leur ensemble.

Chacune des représentations complètes produites tant par le mâle que par la femelle, et
dont une seule de chaque sexe suffit à la reproduction, serait donc composée de la réunion de
plusieurs représentations presque partielles.

Est-il vrai, comme nous l'avons supposé, que
la femelle produit comme le mâle des formations nerveuses ?

Quoique les observations de Buffon aidé de
Needham et de Daubenton semblent assez positives pour ne laisser aucun doute sur l'existence des animalcules de la femelle, qu'il a
désignés sous le nom de matière organique, cependant elle n'est pas unanimement reconnue;
elle a même été contestée par MM. Prévôt et
Dumas, dont l'autorité est d'un trop grand
poids pour qu'il soit permis de présenter comme
probable ce qu'ils ont rejeté; et il est tout au
moins douteux si les productions nerveuses de
la femelle ont la forme des animalcules du mâle
et sont mouvantes comme ceux-ci. Mais leur
existence aussi est-elle douteuse ?

1°. Les phénomènes de la ressemblance prouvent évidemment que la femelle se reproduit
non-seulement par sa vie cellulaire, mais encore par celle d'organisation. Si l'organisation
du mâle était la seule qui passât dans le fœ-

tus, celui-ci ressemblerait exclusivement au père, comme le fruit d'un arbre greffé ressemble exclusivement à celui de l'arbre qui a fourni la greffe, et nullement à celui du sujet. Mais parce que la mère est représentée dans les produits aussi complétement, quoique plus faiblement, que le père, je conclus que l'une et l'autre concourent d'une même manière à la reproduction des formes et des qualités, et que la femelle produit, ou des animalcules qu'il est difficile, impossible peut-être, d'apercevoir, ou leur équivalent, auquel je donnerai, quelles qu'en soient la forme et la consistance, le nom d'animalcules : la cause devient ici patente dans l'effet.

2°. Chez les animaux à sexes séparés dans deux individus différens, il y a reproduction quelquefois sans le concours du mâle (le puceron, la daphnie-puce, etc.). Or, outre qu'on ne peut supposer que plusieurs générations consécutives sont fécondées dans un premier accouplement, sans renchérir sur le merveilleux de l'emboîtement, on ne pourrait expliquer, dans cette supposition, comment il se fait que tous les produits de la plupart de ces générations sont féminins. Il est donc à peu près certain que ces produits doivent leur système nerveux à la mère seulement.

3°. Il est prouvé, par le fait des accouplemens réciproques, que la faculté de former des
germes cellulaires n'exclut pas celle de procréer des formations fécondantes.

4°. On trouve chez les femelles des mammifères un appareil fécondant, doit-on supposer qu'il y soit inerte ? Mais si les nerfs et
les vaisseaux qui le composent ne sont pas sans
emploi, doit-on confondre leurs sécrétions avec
la végétation cellulaire des membranes ?

Il existe donc encore, quelle qu'en soit la
forme, des représentations nerveuses de la femelle (a). Tâchons de déterminer à quelle époque elles s'unissent aux cicatricules, et voyons
si nous pouvons déterminer aussi en quel lieu
s'opère cette union.

Il n'est pas vraisemblable que la représentation nerveuse de la mère entre comme partie
intégrante dans la formation de la cicatricule;
car l'époque de la naissance de celle-ci est bien
antérieure à celle de l'accouplement. Or, les
phénomènes de ressemblance prouvent que la
mère peut transmettre les accidens qui lui sont
survenus au moment de l'accouplement. Ses
formations nerveuses ne sont donc pas anté-

____

(1) A la formation desquelles l'excitation nerveuse contribue spécialement.

8.

rieures à cette époque; elles ne sont donc pas de même date que les cicatricules.

A quoi servirait à la génération l'état de chaleur de la mère, si ses formations reproductrices étaient complètes indépendamment de cet état ? C'est donc très-probablement dans l'accouplement qu'elles se complètent et que l'animalcule de la femelle s'unit à la cicatricule.

Cependant, l'état de chaleur où les excitations de l'accouplement influent sur le développement des cicatricules, puisque les vésicules croissent et se déchirent peu après l'accouplement; cet état, d'ailleurs, épuise la fécondité s'il devient trop fréquent (34), si ses retours périodiques ne sont pas suspendus par la gestation. Or, ces faits invitent à croire que la cicatricule reçoit dans l'ovaire l'animalcule de la mère et qu'elle en est stimulée.

Mais, d'un autre côté, si le germe se complète dans la cicatricule, pourquoi n'a-t-on pu féconder les œufs des batraciens sur l'ovaire ? Ne serait-il pas vraisemblable que c'est dans l'utérus que les formations de l'ovaire s'unissent, chez les mammifères, à celle du clitoris ou des glandes de Cowper, ou que les représentations de la vie intérieure s'unissent à celles de la vie extérieure ?

Les femelles multipares produisent plusieurs animalcules; les femelles unipares, qui, la plupart, appartiennent à l'organisation la plus élevée, n'en produiraient-elles qu'un seul ? Et le rapport de leurs représentations à celles du mâle serait-il comme un à plusieurs millions? Ce n'est guère vraisemblable.

On peut donc supposer, si je ne me trompe, que la femelle forme, comme le mâle, un grand nombre de représentations qui avortent ou se dissipent, à l'exception de celles qui s'unissent aux formations cellulaires fournies par les vésicules des ovaires. Celles-ci, dans leur évolution, qui n'est possible, sous un certain degré de perfectionnement, que par la fécondation, envahissent les membranes qui leur sont fournies, soit par l'ovaire, soit par l'oviductus, ou par les cornes ou le corps de l'utérus, et qui deviennent le canevas de l'organisation.

C'est le point de la cicatricule opposé au cordon ombilical qu'occupent l'animalcule de la femelle et celui du mâle. Ce point est le foyer de la puissance d'organisation : la partie des tégumens qui en est le plus éloignée est aussi la dernière formée.

Les deux sexes sont plus ou moins prédisposés à la reproduction par les excitations des sens, de l'imagination, de la vie extérieure en un mot, ou par l'exubérance de la vie intérieure, et chaque sexe se reproduit spécialement sous les influences de la vie prédominante à l'époque de l'accouplement.

Dans la génération, le flambeau de la vie passe plus ou moins complétement d'un sujet dans un autre; les insectes, ainsi que les plantes annuelles, meurent après avoir transmis la vie; on prolonge leur existence en les empêchant de se reproduire.

CHAPITRE VII (a).

Observations sur les rapports de la mère et du père avec les produits, relativement à la ressemblance et au sexe.

§ Ier. (35).

Observations sur les ressemblances entre les descendans et leurs ascendans.

PLUSIEURS naturalistes ont reconnu les influences générales du père sur la vie extérieure,

(a) Les observations ou les expériences consignées dans ce Chapitre ont été presque toutes publiées dans différens journaux, après avoir été communiquées à l'Académie royale

et de la mère sur la vie intérieure des produits. En parlant des mulets, Vicq-d'Azyr dit : *Il semble que l'extérieur et les extrémités soient modifiés par le père, et que les entrailles soient une émanation de la mère.* Buffon avait fait des observations analogues, dans sa comparaison du mulet avec le bardeau. Nous ne devons pas insister là-dessus ; mais il est remarquable que les mules issues de l'âne ont les crins plus longs, le bassin plus large, quoique infécondes, et qu'elles sont plus têtues, plus vicieuses que les mulets ; et que ceux-ci ont, plus souvent que les mules, le poil coloré de la jument.

---

des sciences et à d'autres Sociétés savantes. M. le baron Cuvier en a fait mention dans l'analyse des travaux de l'Académie royale des sciences, pendant l'année 1827. « Des expériences curieuses, dit-il, non-seulement pour l'agriculture, mais pour la physiologie générale, sont celles de M. Girou de Buzareingues sur la procréation des sexes. C'est du plus ou moins de vigueur comparative des individus que l'on accouple que dépend le sexe du produit. Si l'on veut avoir plus de femelles, il faut employer des mâles jeunes et des femelles dans l'âge de la force, et nourrir celles-ci plus abondamment que ceux-là. Il faut faire l'inverse si l'on veut produire plus de mâles. »

M. le baron Cuvier rappelle ensuite quelques résultats de ces expériences.

Les chasseurs ont adopté le proverbe *chien de chienne* et *chienne de chien*, pour exprimer qu'on retrouve les qualités de la mère dans le fils, et celles du père dans la fille.

M. de *** a été propriétaire d'une jument sans poil : je tiens de lui que, sur quatre produits qu'il en avait obtenus lorsqu'il m'a rapporté ce fait, trois femelles ont eu du poil comme l'étalon, et un mâle a été sans poil comme sa mère.

Une vache de race suisse, au poil blanc semé de taches rousses, m'a donné cinq veaux, dont une femelle, qui ressemblait au taureau, et quatre mâles, qui ressemblaient à la mère, par le fond de la couleur et la distribution des taches.

Dans un nombreux troupeau d'agneaux issus de béliers blancs et légèrement tachés de noir sur le nez, et de brebis dont la plupart étaient blanches et plusieurs noires, toutes les femelles étaient blanches et presque toutes tachées de noir sur le nez. Je me suis assuré que plusieurs brebis noires avaient procréé des femelles.

Parmi les produits d'un coq sans queue et d'une poule ordinaire, j'ai compté beaucoup plus de poulettes que de poulets sans queue, et les poulettes étaient, plus complétement que les poulets, privées de la queue.

Sur les produits d'un coq frisé et de poules ordinaires, j'ai remarqué que les plumes des poulettes étaient plus dénuées de barbes et mieux frisées que celles des mâles; tous les résultats de cet appareillement ont eu constamment les plumes plus ou moins frisées comme celles du coq; mais, sous le rapport de la couleur, plusieurs ont ressemblé spécialement à la mère.

Une chienne de chasse au nez double, ou dont les naseaux étaient séparés par une solution de continuité, et issue d'un père au nez double et d'une mère au nez commun, a été accouplée avec un chien au nez commun, et sur huit petits issus d'une même portée, il y a eu quatre mâles au nez double, et quatre femelles au nez commun.

Une chatte domestique, alliée à un chat sauvage, m'a donné deux chats qui ressemblaient à la mère et qui étaient doux et familiers à l'homme comme elle, et une chatte qui ressemblait au père, et qui était sauvage comme lui. Celle-ci était bien plus rusée que ses frères (a).

(a) Elle avait appris d'elle-même, et par imitation sans doute, à ouvrir une porte en passant la patte par un trou pratiqué immédiatement au-dessous du loquet.

Ce dernier fait me rappelle les résultats obtenus, par M. de Spontin, de l'accouplement d'un chien braque avec une louve : le mâle avait le naturel du loup, et la femelle celui du chien.

Sur quatre poulains que m'a donnés une jument arabe, trois mâles ont eu le poil de la mère, et une femelle celui du père.

Pendant dix ans, j'ai allié l'*Éclair*, étalon arabe, petit et un peu panard, à tête grosse et oreilles basses, mais dont le train de derrière était parfait, avec environ sept à huit jumens de taille moyenne, qui, presque toutes, avaient de l'aplomb, la tête assez légère et, à l'exception d'une seule, la croupe avalée. Or, je n'ai pu obtenir de cet accouplement un seul poulain qui n'eût la tête plus grosse que celle de sa mère, et presque tous ont été panards du même côté que le père; ils ont eu, la plupart, les oreilles basses; et, excepté un seul qui provenait de la jument à croupe horizontale, tous ont eu la croupe avalée; ceux des mâles qui ont été gris rouan comme le père ont été petits comme lui; et parmi ceux qui avaient le poil de leur mère, on en comptait plusieurs qui en avaient aussi la taille; les femelles étaient en général plus grandes que les mâles, et elles avaient plus sûrement que ceux-ci le caractère et le poil de l'étalon,

J'ai vu reparaître dans les poulains mâles le poil de leur aïeul, et dans les pouliches celui de leur aïeule, qu'on ne trouvait ni dans le père ni dans la mère; le dernier de ces faits a été plus rare que le premier.

On est surpris souvent de voir naître des agneaux noirs ou tachés de noir de brebis et de béliers à laine blanche; mais si l'on prend la peine de remonter à l'origine du phénomène, on la trouve dans les aïeux.

Le chien de chasse de M. B*** est issu d'une mère braque et d'un père épagneul : son aïeul maternel était braque et son aïeule paternelle était épagneule; on ignore ce qu'étaient l'aïeul paternel et l'aïeule maternelle : il est lui-même braque. Ce chien, accouplé avec une chienne braque, a donné des mâles épagneuls qui n'ont ni sa couleur ni son caractère, mais bien le poil et le caractère de son père. Il a donné aussi, du même accouplement, des chiennes braques, auxquelles il a transmis sa bonté et sa vivacité, et encore des chiens braques, qui ont le caractère du père et la couleur de la mère.

Du même chien accouplé avec une épagneule sont nés des mâles épagneuls et des femelles braques, mais point de mâle braque. Les chiennes ont la couleur du père. Sur trois mâles, un seul a la couleur de la mère; les autres sont tigrés; et cependant le père est tout blanc, à l'exception des oreilles; sa mère est blanche aussi, mais son corps est semé de grandes taches châtain foncé.

Parmi les veaux issus de taureaux noirs et de vaches rousses, il y a souvent des mâles qui, roux en naissant, deviennent noirs dans la suite; et parmi ceux qui proviennent de vaches noires et de taureaux roux, on rencontre quelquefois des génisses qui, rousses en naissant, deviennent ensuite noires; mais je n'ai jamais vu que le veau, teint en naissant de la couleur de son père, prît ensuite celle de sa mère; ni que la génisse, teinte d'abord comme la mère, prît plus tard la couleur de son père.

Presque tous les poulains issus d'un cheval noir et d'une jument blanche, ou d'un cheval blanc et d'une jument noire, sont gris; l'observation en a été faite par tout le monde; mais ce qu'on n'a peut-être pas également observé, c'est que la fusion des couleurs cesse d'autant plus complétement et que le mélange sans fusion devient d'autant plus sensible, que les couleurs sont plus contrastantes, que les forces motrices de l'animal sont plus grandes et que l'insertion des poils est plus profonde. Ainsi le blanc ne se fond point avec les autres couleurs, si ce n'est dans le tissu réticulaire et dans le duvet, qui y prend son origine. Le mélange sans fusion est plus fréquent et plus complet chez les chevaux ou chez les ânes, que chez les bœufs ou chez les moutons, et il n'y a presque plus de fusion chez les oiseaux. Enfin, le mélange même cesse ordinairement sur les points les plus éloignés du foyer principal de la vie intérieure, tels que les parties antérieures de la tête ou les extrémités des membres ; et dans les poils à insertion très-profonde, tels que les crins de la queue et de l'encolure, les plumes de la queue et des ailes et même celles de la tête des oiseaux huppés : les poils ou les plumes de ces diverses parties semblent appartenir exclusivement à celui des ascendans immédiats dont la vie extérieure prédomine dans le produit.

Les taches des animaux gris s'entremêlent par masses dans leurs descendans.

L'albinos transmet son blanc de lait, ou il produit des animaux gris, ou l'influence de sa couleur devient nulle sur ses petits.

MM. Prévôt et Dumas rapportent, d'après

M. Colladon, que les produits des souris blanches et des souris grises sont ou tout blancs ou tout gris. (*Annales des sciences naturelles.*)

Les étalons albinos produisent des chevaux ou albinos ou gris, et les chevaux gris qui en proviennent transmettent leurs taches blanches, sinon dans toute leur étendue, du moins dans tout l'éclat de leur blancheur.

Les taches affectent sur les produits les mêmes points que sur les pères ; cependant elles sont sujettes à des aberrations. Un bélier taché de noir sur la nuque ou vers les parties postérieures de la tête, ou même sur la langue, produit des agneaux tachés de noir sur le dos ou par-tout ailleurs. Mais les taches qui affectent les extrémités ne passent pas sur le reste du corps : ainsi ni l'étalon, soit cheval, soit taureau, marqué en tête ou chaussé de balzanes, ni le bélier affecté de taches noires ou rousses sur le nez ou sur les pattes, ne produisent des animaux gris sur le reste du corps.

J'ai vu souvent les produits de chiennes qui avaient reçu plusieurs chiens de différentes races : les uns tenaient d'un père, les autres d'un autre, mais jamais le même chien n'a ressemblé à deux pères différens.

J'ai en ce moment sous les yeux les produits

d'une poule ordinaire avec un coq huppé et un coq frisé : les poulets huppés ne sont pas frisés, et les poulets frisés ne sont pas huppés.

Les produits de l'*Héliopolis*, très-joli étalon arabe, sorti des écuries de Napoléon, et d'une robe distinguée, lui ont ressemblé d'autant moins qu'ils provenaient d'un âge plus avancé.

En 1807, et en la petite ville de Severac, une chienne braque fut éreintée par un grand coup sur la colonne vertébrale, au moment de l'accouplement ; elle fut paralysée, pendant plusieurs jours, du train de derrière. Cependant elle fit sept à huit petits, qui tous, à l'exception d'un seul qui ressemblait au père, eurent le train de derrière ou défectueux ou mal conformé, ou d'une très-grande faiblesse. A l'un manquaient les extrémités postérieures, l'autre les avait grêles ou courtes, un autre ne pouvait mouvoir que celles de devant. Enfin on ne conserva que celui qui ne se ressentait point du coup qu'avait reçu sa mère ; les autres furent noyés, comme ne pouvant être jamais d'aucune utilité.

Les propriétaires de vaches ont remarqué qu'il était encore plus important au perfectionnement d'une vacherie de faire un bon choix de taureaux que de génisses, attendu que la propriété de donner beaucoup de lait se transmet plus sûrement par le mâle que par la femelle : or, ce fait, que je considère comme très-constant, parce que je l'ai observé très-souvent dans mes étables, n'annonce-t-il pas que le mâle a souvent une grande influence sur l'organisation sexuelle des produits féminins ?

Les poulains apportent en naissant un duvet assez grossier qui tombe bientôt pour ne plus reparaître, et que remplace le poil qui est sujet à la mue périodique du printemps : or, par la couleur de ce duvet, ils tiennent plus souvent de la mère que du père ; tandis que, par celle du poil, ils tiennent plus souvent du père que de la mère.

C'est surtout sur les poils à insertion très-profonde que les influences du mâle sont sensibles.

Les crins sont courts chez le mulet, comme chez l'âne, ils sont longs chez le bardeau comme chez le cheval ; tandis que les autres poils sont plus ras sur le mulet, où ils se rapprochent, sous ce rapport, de ceux de la jument ; et plus alongés sur le bardeau, où ils se rapprochent de ceux de l'ânesse : d'où il suivrait que plus l'insertion des poils est superficielle, plus ils tiennent de ceux de la mère par le volume, sans

cesser de tenir de ceux du père par la couleur.
Il est remarquable que les baudets du Poitou,
velus comme des ours, produisent des mulets
au poil aussi ras que celui de la jument, et
l'on ne peut voir en cela que l'influence de la
mère sur la vie de végétation, à laquelle échappent plus ou moins les poils annexés à la vie
d'action.

De ces observations sur les animaux ou de
celles sur l'espèce humaine qui sont rapportées
en la première note de ce Chapitre, ou d'autres
observations trop triviales pour que j'aie dû les
rapporter, on peut déduire les propositions suivantes.

Il n'y a rien dans l'animal qui ne puisse être
transmis par la génération.

Les deux sexes sont représentés, dans chacun
de leurs produits, sous des rapports différens
et variables. Le père y prédomine par la vie
extérieure, et la mère par la vie de végétation
cellulaire; et cette prédominance est d'autant
plus sensible, que la famille, la race, ou l'espèce du père diffèrent davantage de la famille,
de la race ou de l'espèce de la mère. Il y a
presque équilibre dans la distribution de l'organisation intérieure. Cependant, même encore
sur ce point, il y a une légère prédominance

du père , du moins dans les hautes classes du règne animal. Mais cette prédominance provient du système nerveux à base intérieure ; car, par le système nerveux à base extérieure, qui préside à la sensibilité tactile, au sentiment interne , et à la formation du duvet, il y a une légère prédominance de la mère.

La couleur n'obéit pas aux mêmes lois que les formes : celle des poils passe moins sûrement, ou moins parfaitement que la forme, de l'ascendant masculin au descendant ; elle y prédomine cependant sur celle de la mère , sur-tout celle des poils à insertion profonde ou de ceux qui croissent vers les extrémités. C'est le contraire de la couleur du duvet, qui, ainsi que celle de la peau, tient à peu près le milieu dans le produit entre celle du père et celle de la mère, ou même appartient un peu plus spécialement à la mère qu'au père. Plus la couleur d'un des ascendans est foncée, plus sûrement elle prédomine dans les produits.

La vie extérieure est souvent transmise plus parfaitement d'un sexe à l'autre qu'au même sexe.

La vie intérieure passe plus complétement à un sexe de même nom qu'à un sexe de nom différent.

Dans l'apogée de sa vie extérieure, plus sûrement que dans celui de sa vie intérieure, le mâle transmet ses formes à des produits féminins, et la femelle, les siennes à des produits masculins. Cette transmission est d'autant plus exclusive, que le père ressemble davantage à sa mère, et la mère à son père. La vie extérieure du mâle passe plus souvent et plus parfaitement aux produits féminins que celle de la femelle aux produits masculins.

Dans l'apogée de sa vie intérieure, le mâle transmet spécialement ses formes lorsqu'il ressemble à son père, ou celles de son père lorsqu'il ressemble à sa mère, aux produits masculins ; et la femelle transmet les siennes lorsqu'elle ressemble à sa mère, ou celles de sa mère lorsqu'elle ressemble à son père, aux produits féminins.

Le mâle qui ressemble beaucoup à sa mère a souvent des fils, et moins souvent des filles qui ressemblent à l'aïeul paternel par les formes extérieures ; et sous les mêmes rapports, la femelle qui ressemble beaucoup à son père a quelquefois des filles, et moins souvent des fils qui ressemblent à l'aïeule maternelle.

Le fils ressemble quelquefois au père par la couleur de la peau, et à la mère par les formes, comme la fille ressemble aussi quelquefois au père par les formes, et à la mère par la couleur de la peau.

La ressemblance des formes est souvent accompagnée de celle de l'intelligence, et la ressemblance de la couleur de la peau est souvent unie à celle des penchans et du tempérament.

La ressemblance de conformation du fils avec la mère et de la fille avec le père s'efface quelquefois après l'adolescence, et est remplacée par celle du fils avec le père et de la fille avec la mère. Cette dernière métamorphose est plus rare que la première.

Le fils ne passe pas, ou ne passe que très-rarement, de la ressemblance avec le père à celle avec la mère; ni la fille, de la ressemblance avec la mère à celle avec le père.

Les produits jumeaux des animaux unipares ont entre eux une grande ressemblance lorsqu'ils appartiennent à un même sexe; mais souvent, lorsqu'ils sont de sexes différens, l'un ressemble à la mère et l'autre au père.

Les femelles multipares qui reçoivent plusieurs mâles dans une même période de chaleur donnent souvent des produits qui, quoique issus d'une même portée, ressemblent les uns à un père, les autres à un autre; mais le même produit ne ressemble jamais ou presque jamais à deux pères différens.

Les produits d'un vieux mâle et d'une jeune femelle ressemblent d'autant moins au père, qu'il est plus décrépit et que la mère est plus vigoureuse; et ceux d'une vieille femelle et d'un jeune mâle ressemblent d'autant moins à la mère, qu'elle est plus vieille et que le mâle est plus vigoureux.

L'état de la mère, déterminé par une lésion de la moelle épinière, au moment même de l'accouplement, est susceptible d'être transmis à ses produits.

§ II (36).

Observations sur le rapport des sexes des produits avec l'état relatif du père et de la mère à l'époque de l'accouplement.

Ayant remarqué que les très-jeunes et les vieilles mères, soit vaches, soit jumens, soit brebis, me donnaient plus de mâles que de femelles, tandis que les mères d'un âge moyen produisaient plus, ou à-peu-près autant, de femelles que de mâles, sur-tout lorsque les premières avaient été accouplées avec des mâles vieux, et les secondes avec des mâles jeunes, j'ai soupçonné que les faits qui m'avaient fourni ces observations étaient une conséquence des lois de la nature, et ce soupçon a déterminé de nouvelles observations et plusieurs recherches dont les résultats m'ont découvert d'autres rapports.

Mon honorable ami, M. H. de La G***, s'occupait avec beaucoup de soin de l'éducation d'un troupeau de mérinos lorsque je lui adressai les questions suivantes :

1°. Les béliers de dix-huit mois donnent-ils plus de mâles que de femelles ou plus de femelles que de mâles ?

2°. Même question sur les vieux béliers.

Voici ses réponses :

« En 1803, j'avais acheté, à la bergerie de Perpignan, quatorze béliers, dont deux seulement étaient vieux. Des circonstances particulières ayant déconcerté mes projets, je fus contraint de placer mes béliers un à un ou deux à deux dans différens troupeaux, à cette seule condition que toutes les agnelettes métisses qui en proviendraient me seraient vendues au prix moyen de la race indigène. Lorsque, profitant de ce droit, j'acquis les agnelettes, j'eus lieu d'observer que le nombre en était beaucoup supérieur à celui des mâles, excepté dans le troupeau où les deux vieux béliers avaient fait la monte concurremment avec un de trente mois.

» En 1804, un de mes vieux béliers ayant péri, celui qui survécut se trouvant supérieur à ceux qui me restaient, je le gardai avec deux autres, parvenus à l'âge de trois ans et demi, pour la monte de mon troupeau, qui me produisit à peu près autant de mâles que de femelles.

» En 1807, j'achetai trois béliers sans cornes, âgés de dix-huit mois, et je réformai les trois autres. Le nombre des femelles fut beaucoup plus considérable que celui des mâles.

» En 1808, le nombre des femelles diminua, quoique encore supérieur à celui des mâles.

» En 1809, j'achetai quatre autres béliers, dont deux vieux avaient fait la monte à la bergerie de Perpignan. Depuis cette époque, je n'ai guère employé que des béliers vieux qui avaient déjà fait la monte à la même bergerie, et ils ont donné à peu près autant de mâles que de femelles. »

M. Périer, fermier du domaine d'Is, situé dans le département de l'Aveyron, forma, en 1819, le projet de ne pas livrer ses brebis au bélier : il est inutile de rapporter les motifs de cette détermination. Il acheta des agneaux mâles de six mois et les mit dans le troupeau de ses brebis, ayant soin d'en éloigner tout mâle adulte. Ses bergers et ses domestiques, dont le salaire consistait en partie dans la faculté de tenir plusieurs brebis portières avec le troupeau de la ferme, ne jugèrent pas à propos de suivre l'exemple de leur maître, et ils placèrent leurs brebis dans les troupeaux du voisinage où il y avait des béliers.

M. Périer n'obtint pas de sa spéculation le résultat qu'il en attendait : ses brebis furent fécondées, à son grand étonnement, par les jeunes agneaux qu'il avait achetés, et elles produisirent soixante-six femelles contre trente-quatre mâles ; la première moitié de l'agnelage, qui provient ordinairement des brebis les plus vigoureuses, fut presque exclusivement composée de femelles. Il n'en fut pas de même des brebis qui appartenaient aux bergers ou aux domestiques, celles-ci donnèrent vingt et un mâles et dix-huit femelles.

En 1812, j'ai mis des béliers jeunes dans mon troupeau de mérinos, et des béliers vieux dans mon troupeau de métisses ; et cette monte m'a produit plus d'agnelettes que d'agneaux mérinos, et beaucoup plus d'agneaux que d'agnelettes métisses.

M. G★★★, artiste vétérinaire, m'a dit qu'en 1812 il avait confié la monte de son troupeau à deux béliers antenais, et que sur cent trente-huit agneaux il n'avait eu que cinquante mâles.

Le petit troupeau du sieur Lavabre, de Tan-tayrou, avait été sailli en 1825 par un bélier antenais; il a donné, en 1826, cinq mâles et dix-sept femelles.

Celui de M. Pouget de Lacombe a été sailli en 1826 par un agneau, et il lui a donné, en 1827, douze mâles et seize femelles.

J'ai demandé à différens bergers quel sexe prédominait ordinairement dans les produits des antenaises, ils ont tous répondu, sans hé-siter, que c'était le sexe masculin, et je me suis assuré qu'ils disaient vrai, par des obser-vations répétées et personnelles. Il est inutile d'ajouter que ces résultats changent lorsque, par l'abondance de la nourriture, les antenaises ont acquis un développement précoce.

Au domaine de la Panouze, appartenant à madame Glandy (a), les brebis antenaises ont produit, en 1825, trente et un mâles et vingt et une femelles.

A Villeplaine, chez M. Molinier, elles ont donné, en 1827, vingt mâles et huit femelles.

La même année, au domaine de Cassagnes,

(a) Dans un appartement de ce domaine est né Guillaume-Thomas Raynal.

et dans un agnelage où le sexe féminin était très-prédominant, elles ont produit huit mâles et sept femelles.

Les brebis qu'on a éloignées du bélier pendant une année donnent, l'année d'après, plus de femelles que de mâles. Ces brebis se distinguent ordinairement par un embonpoint remarquable, qui leur a valu, dans l'idiome de l'Aveyron, le surnom de *turgos*, dérivé sans doute du latin *turgeo*.

Je tiens de M. Cournuéjouls qu'en 1826 les *turgues* de son troupeau ont produit quinze mâles et vingt et une femelles, tandis que les autres ont donné cinquante-trois mâles et quarante-deux femelles.

De mes notes sur l'agnelage de mon troupeau, il résulte que les brebis saillies au commencement de la monte, lesquelles, sont les plus fortes, donnent une plus grande quantité relative de femelles que celles qui reçoivent le bélier au plus fort de la monte, ou après cette dernière époque. Tous les propriétaires de brebis obtiennent de semblables résultats. Je vais présenter quelques faits à l'appui de cette assertion, je n'en ai pas recueilli de contraires.

Domaine de Buzareingues.

En 1816, et à l'époque de la monte, je divisai mon troupeau en deux sections.

	Mâles.	Fem.
Parmi les agneaux nés avant le 14 février 1817, on comptait dans une section.	23	33
Et dans l'autre.	28	26
Et parmi ceux qui naquirent après cette époque, il y avait, dans la première section.	39	38
Et dans la deuxième.	65	48
L'agnelage de 1821 m'a donné, avant le 9 décembre, dans le troupeau des mérinos.	12	21
Et dans celui des métis.	10	15
Et à compter du 10 du même mois, il a produit, dans le premier troupeau.	29	34
Et dans le deuxième..	70	66
L'agnelage de 1822 m'a donné, avant le 27 novembre, dans le troupeau des mérinos.	12	18
Et dans celui des métis.	16	21
Et à compter du 28 du même mois, il a produit, dans le premier troupeau.	21	25
Et dans le deuxième.	34	33

A mon retour de Paris, vers le commencement de 1825, je me suis informé des résultats de l'agnelage de mon troupeau : on m'a répondu qu'il y avait eu d'abord beaucoup de femelles et ensuite beaucoup de mâles.

La même année, vingt brebis qui n'avaient rien produit depuis deux ans ont reçu furtivement le bélier au commencement de l'hiver. Elles étaient presque toutes d'un embonpoint remarquable ;

	Mâles.	Fem.
Elles ont fait..............	4	16

Dans le nombre de ces mères étaient comprises deux bêtes vieilles qui avaient fait partie de l'engrais de 1824, mais qu'on n'avait pu vendre, parce qu'elles n'étaient pas assez grasses ; celles-ci ont donné.

	Mâles.	Fem.
celles-ci ont donné.	1	1

L'agnelage de 1827 a donné d'abord :

	Mâles.	Fem.
Mérinos................	7	10
Métis.................	22	30

Postérieurement,

	Mâles.	Fem.
Mérinos................	19	18
Métis.	31	26

Je parlerai bientôt de l'agnelage de 1826. Je ne donne pas le relevé de mes notes des autres années, parce qu'elles ont été tenues moins exactement; mais j'atteste que, pendant vingt-six ans, j'ai eu de semblables résultats.

Domaine de la Goudalie.

	Mâles.	Fem.
L'agnelage de 1826 a produit d'abord.	113	129
Et postérieurement.	87	76

La monte de 1825 ayant été retardée, les brebis qui étaient en chaleur cinq à six jours avant l'introduction des béliers sont sorties de cet état pour n'y rentrer que dix-sept jours après; et l'abondance des femelles n'est survenue que vers le milieu de l'agnelage, qui, à cette époque, a produit, dans cinq jours, vingt-trois mâles et quarante-huit femelles. La même chose arrive toutes les fois que, par une circonstance quelconque, la fécondation des brebis les plus fortes est retardée : on en trouve des exemples dans les tableaux publiés par M. le vicomte de Morel-Vindé.

	Mâles.	Fem.
Dans le même domaine, l'agnelage de 1827 a produit d'abord. .	103	119
Et postérieurement.	111	105
Total.	214	224

Mâles.   Fem.

Sur ces nombres, les brebis vieilles
et de réforme ont produit. 33   3o

Domaine de Lenne.

L'agnelage de 1826 a donné d'a-
bord. 15   23
Et postérieurement. 41   31

Domaine de Favars.

L'agnelage de 1826 a produit d'a-
bord. 25   36
Et postérieurement. 41   44

Domaine de Lavergne.

La monte de 1825 ayant été retardée de
vingt-deux jours, à cause sans doute de la
rareté des fourrages, l'agnelage de 1826 a
présenté un résultat analogue à celui de la
Goudalie en la même année ;

Mâles.   Fem.

Il a donné d'abord. 27   20
Ensuite. 23   40
Et enfin. 11   11

(143)

Domaine de la Vaissière, appartenant à
M. Yence.

	Mâles.	Fem.
L'agnelage de 1827 a produit d'abord..................	61	91
Et postérieurement........	58	45

Domaine de Villeplaine, appartenant à
M. Molinier.

	Mâles.	Fem.
L'agnelage de 1827 a produit d'abord...................	19	26
Et postérieurement........	29	3o

Domaine de Cassagnes.

L'agnelage de 1827 a donné,		
1°. Avant le 15 février......	3	12
2°. Du 15 au 26..........	25	29
Et postérieurement au 26....	17	15
Total.......	45	56

	Mâles.	Fem.
Sur ces nombres, l'âge de deux ans a fourni.............	8	7
Celui de trois...........	16	22
Celui de quatre..........	2	5
Celui de cinq...........	8	19

	Mâles.	Fem.
Celui de six et au-dessus......	11	3
Il y a eu, dans l'âge de cinq ans, trois doubles portées qui ont pro-duit.	»	6
Et dans celui de trois ans, autre double portée qui a produit. ...	1	1

Comme on voit, l'agnelage de ces deux derniers domaines nous fournit deux faits à l'appui de l'observation, que les brebis trop jeunes donnent plus de mâles que de femelles.

Le sevrage de mes agneaux a lieu ordinairement dans le mois de mars, tant pour les mérinos que pour les métis; mais je suis dans l'usage de faire traire le lait de mes brebis métisses jusqu'au commencement de juillet, tandis que je le laisse passer aux mérinos immédiatement après le sevrage. Celles-ci sont donc moins épuisées que les autres à l'époque de la monte. Or, il est remarquable qu'elles produisent aussi une plus grande quantité relative de femelles. Ainsi, les mérinos m'ont donné :

	Mâles.	Fem.
En 1821...............	41	55
En 1822...............	33	50
En 1823...............	33	43

	Mâles.	Fem.

Tandis que les métisses ont produit :

En 1821. . . . . 80 81
En 1822. . . . . 5o 54
En 1823. . . . . 68 68

En 1816 et avant la monte, j'ai
formé deux troupeaux, dont l'un
était composé de mes brebis les plus
grasses et l'autre de mes brebis les
plus maigres. Le premier m'a donné 59 79
Et le second. 93 74

Afin d'arrêter une débilitation progressive
de la force motrice de mes brebis, je les ai
fait voyager pendant six étés sur les hautes
montagnes de l'Aveyron. Cette mesure n'a été
suivie, la première année, d'aucune différence
sensible dans les rapports des sexes de l'agnelage, parce que j'avais retiré les béliers lorsque
la moitié de mon troupeau avait été saillie. Il
en a été de même les quatrième et cinquième
années, parce que le troupeau avait des pâturages très-abondans ; mais, aux deuxième et
troisième années, j'ai eu une moindre quantité
relative de femelles.

Les produits des bêtes bovines et chevalines
suivent des rapports analogues.

En 1813, j'ai noté le fait suivant : sur trente-six vaches portières, vingt-sept, âgées de plus de cinq ans, ont produit quinze femelles et douze mâles ; et les autres, plus jeunes, ont donné une seule femelle et huit mâles.

En 1825, mes vaches m'ont donné, savoir : trois vaches de trois ans, faibles et à leur premier veau, trois mâles ; deux vaches à leur deuxième veau, deux mâles ; une vache vieille, un mâle ; une vache âgée de huit ans et *turgue* (qui n'avait rien produit l'année précédente), une femelle ; une vache de quatre ans, à son deuxième veau, mais en très-bel état, une femelle ; une vache à son troisième veau, mais en très-bel état, et point fatiguée de la gestation et de l'allaitement de l'année précédente, une femelle.

Au domaine de la Goudalie, une vacherie créée récemment, et composée de bêtes choisies et d'un embonpoint luxuriant, a produit, en l'année même de sa création, bien plus de femelles que de mâles, et, l'année d'après, bien plus de mâles que de femelles. Sur ces vaches, neuf, âgées de trois ans et à leur premier veau, ont donné sept femelles et deux mâles, et huit de celles-ci ont donné, à leur deuxième veau, sept mâles et une femelle ; une des mères des deux mâles de la première portée, s'étant reposée une année, a donné, à l'âge de cinq ans, une femelle; tandis que l'autre, en trois années consécutives, a fait trois mâles.

Il m'est avantageux que mes jumens poulinières fassent plus de femelles que de mâles. C'est pourquoi, au printemps de 1824, je leur prodiguai la nourriture verte, et ne livrai à la reproduction que celles qui n'avaient pas porté en cette même année; ou qui, l'année précédente, n'avaient pas nourri; elles ne furent présentées à l'étalon qu'après qu'elles eurent donné des signes de chaleur. Cinq jumens ainsi préparées ont produit cinq femelles. En suivant la même méthode, sur quinze poulains que m'ont donnés mes jumens depuis 1824 jusqu'en 1827, j'ai obtenu treize femelles, et l'un des deux mâles m'est venu d'une jument vieille, destinée à la réforme, et que j'avais fait conduire à l'étalon immédiatement après le part.

Il y a des jumens d'un appétit remarquable, qui produisent constamment des femelles, tandis que d'autres jumens délicates et de difficile entretien ne font que des mâles. Des faits à l'appui de cette observation m'ont été fournis par MM. Comte et Ferrieu.

10.

Des notes tenues au haras de Rodez constatent les faits suivans :

Parmi les jumens arabes, huit, dont la plus jeune était âgée de plus de douze ans lorsqu'elles arrivèrent au haras, ont produit quinze mâles et douze femelles. Sur ces huit, quatre étaient dans un état de décrépitude qui laissait peu d'espoir de les conserver. Cependant, par les soins de M. Boudou, artiste vétérinaire, elles acquirent de l'embonpoint et furent rendues à la fécondité : on en a obtenu neuf mâles et sept femelles. L'une d'elles, *la Fatime,* douée d'un système musculaire très-prononcé, a produit, depuis 1807 jusqu'en 1812, cinq mâles.

Les autres jumens du haras ont fait vingt-six mâles et vingt-neuf femelles. Sur celles-ci, *la Bédouine,* qui a fait sept poulains depuis 1813 jusqu'en 1822, a produit cinq mâles et deux femelles.

Les premières portées connues ont offert onze femelles et neuf mâles; et les deuxièmes, treize mâles et onze femelles. Cent douze étalons ont produit :

Mâles. 3,602
Femelles.. 3,684

Excédant des femelles. . . . 82

Sur ces étalons, douze arabes ont produit :

Mâles. 460

Femelles. 518

Excédant des femelles. 58

Le rapport des femelles aux mâles a été :
Parmi les productions non
arabes. . . . . :: 1,000 : 993

Parmi les productions arabes.   :: 1,000 : 888

Sur ces douze étalons arabes, il y en avait de vieux, il est vrai ; mais il y en avait aussi dans la force de l'âge, et ceux-ci n'ont pas moins contribué que les autres à la procréation des femelles.

L'un de ces arabes, *l'Éclair*, remarquable par sa tête carrée, son poil soyeux et son extrême sensibilité, a donné, dans presque toutes les écuries où il a fait la monte, plus de pouliches que de poulains.

J'insiste sur ces dernières observations, parce qu'elles m'ont appris que les étalons des contrées méridionales et doués d'une grande sensibilité font naître plus de femelles que de mâles, lorsqu'ils sont alliés à des femelles appartenant à des pays plus septentrionaux. Les béliers mérinos ont donné des résultats semblables dans leurs premières alliances avec des brebis françaises.

Pendant que je me livrais à ces observations, M. le vicomte de Morel-Vindé formait, avec cette précision et cette exactitude qui caractérisent ses travaux, un recueil de notes sur la monte et l'agnelage de son troupeau; et au nombre des résultats qu'il croyait avoir obtenus de ses notes, M. de Vindé comptait le renversement de tous les calculs sur la procréation d'un sexe plutôt que d'un autre. Je ne puis donc présenter à l'appui de mes observations des faits plus incontestables que ceux dont M. de Morel-Vindé a publié le recueil en 1812, 1813 et 1814. Je vais en faire le relevé.

La monte de 1812 a produit cent trente mâles et cent quatorze femelles. Sur ces nombres, les brebis saillies avant le 17 juillet, époque du fort de la monte, soit qu'elles fussent fécondées avant cette époque, soit qu'elles fussent rentrées ensuite en chaleur, ont donné quarante-quatre mâles contre cinquante-quatre femelles; les autres ont donc fait soixante-quinze mâles contre soixante femelles.

La monte de 1813 a produit cent dix-sept mâles et cent dix-sept femelles. Sur ces nombres, les brebis saillies avant le 17 juillet, époque du fort de la monte, ont donné quarante mâles contre soixante femelles; les autres ont donc fait soixante-dix-sept mâles et cinquante-sept femelles.

La monte de 1814 a produit cent soixante-douze mâles et cent vingt-neuf femelles. Sur ces nombres, les brebis saillies avant le 17 juillet, époque du fort de la monte, ont donné soixante-neuf mâles contre soixante-quatre femelles; les autres ont donc fait cent trois mâles et soixante-cinq femelles.

Les divers âges ont produit,

En 1812 :

	Mâles.	Fem.
6 ans et ½.	18	13
5 *id.*	17	17
4 *id.*	24	24
3 *id.*	25	20
2 *id.*	33	27
1er *id.*	13	13

En 1813 :

	Mâles.	Fem.
7 ans et ½.	10	7
6 *id.*	12	14
5 *id.*	20	19
4 *id.*	20	21
3 *id.*	28	23
2 *id.* et au 2e. agneau.	13	8
2 *id.* et au 1er. agneau.	14	25

En 1814 :

	Mâles.		Femelles.	
8 ans et ½	12		5	
7 *id.* . .	17		7	
6 *id.* . .	19	67	17	40
5 *id.* . .	19		11	
4 *id.* . .	24		24	
3 *id.* et au				
3ᵉ. agneau. . . .	11		7	
3 *id.* et au				
2ᵉ. agneau. . . .	26	77	18	62
2 *id.* . .	38		35	
1 *id.* . .	2		2	

La monte de 1814 a été soumise aux influences d'une circonstance remarquable. Pour sauver son troupeau des dangers que lui faisaient courir les besoins des armées étrangères, M. de Morel-Vindé fut obligé de le mettre dans les bois pendant dix jours ; et il fut privé, pendant plus de deux mois, de tous les fourrages rassemblés pour son entretien. Je rapporte, en partie, à cette circonstance la prédominance extraordinaire des mâles dans les produits de cette monte. Je dis en partie ; car l'âge de huit ans et demi, qui ne figure point dans les mon-

tes des années précédentes, a donné douze mâles
contre cinq femelles.

Il est digne de remarque que l'influence de la
débilitation des mères sur le sexe des produits
a été bien plus grande chez les brebis âgées de
cinq ans et au – dessus, que chez celles qui
étaient âgées de moins de quatre ans, et qu'elle
a été nulle chez celles de quatre ans.

On peut déduire de ces faits les propositions
suivantes :

1°. A l'âge de quatre ans et demi, époque
du plus parfait développement de la brebis,
l'équilibre entre les sexes de ses produits est
aussi le plus constant, sans doute parce qu'elle
échappe, par sa vigueur, à l'action des circonstances fortuites, et n'est soumise qu'aux influences inévitables de ses rapports avec le bélier.

2°. L'âge de deux ans et demi donne plus
de mâles que de femelles lorsque les sujets
qui en font partie ont été soumis à la reproduction à dix-huit mois; tandis que les brebis
encore vierges à cet âge donnent plus de femelles que de mâles, si leur force nutritive
n'a pas été soumise à des circonstances qui
aient troublé, à l'époque de la monte, ses rapports naturels avec la force motrice.

3°. L'âge de trois ans et demi suit la même

loi que le précédent, et sans doute par la même cause : en 1814, les brebis de cet âge qui étaient à leur troisième agneau ont donné une plus grande quantité relative de mâles que celles qui n'étaient qu'à leur deuxième agneau.

4°. Au-dessus de quatre ans et demi, la brebis donne d'autant plus sûrement des mâles, qu'elle approche davantage de la décrépitude.

5°. Les brebis qui entrent en chaleur au commencement de la monte, et qui sont par conséquent les mieux portantes, donnent une grande quantité relative de femelles, tandis que celles qui sont fécondées dans le fort de la monte, et qui par conséquent sont entrées en chaleur, du moins la plupart, par les excitations du bélier, donnent une grande quantité relative de mâles ; et j'ai observé que ce dernier résultat arrive, quoique les béliers soient épuisés à cette époque.

Sentant bien qu'on pourrait faire à mes propres observations le reproche de n'être pas authentiques, j'ai formé le projet de faire une série d'expériences que seraient appelés à constater des commissaires désignés, soit par l'Autorité, soit par les Sociétés d'agriculture.

Animé de ce dessein, j'ai donné connaissance aux Comices agricoles de Severac, dans leur séance du 13 juin 1825, des observations qui ont paru la même année dans quelques journaux ; et après leur avoir annoncé qu'une partie de mon troupeau, qui était déjà marquée, me donnerait, au prochain agnelage, un plus grand nombre relatif de femelles que l'autre partie, j'ai prié l'association de charger deux de ses membres de constater le résultat de cette expérience : ce soin a été confié à MM. Albert Molinier et Cournuéjouls.

Lorsque l'agnelage a commencé, j'en ai donné avis à ces deux commissaires, qui ont pris la peine de vérifier les résultats de l'expérience, et ont eu la bonté de me laisser des notes signées de leurs recensemens.

Je joins ici un extrait du rapport sur cette expérience, tel qu'il a été publié d'après le relevé de ces notes en 1826.

Au commencement de juin 1825, et immédiatement après la tonte, j'ai marqué avec du noir de fumée délayé dans de l'huile de noix une centaine de brebis *turgues* (j'ai déjà dit ce qu'on entend par ce mot). Je leur ai donné de suite quatre béliers antenais. C'est de cette partie du troupeau que j'attendais le plus de femelles ; le restant, en nombre à peu près double, se composait des portières de 1824.

Je me proposais de confondre ces deux divisions, après que la monte de la première serait censée terminée, et de substituer alors aux béliers antenais des béliers de quatre ans, très-vigoureux ; mais, obligé de m'absenter pendant les derniers jours de juin et les mois de juillet et d'août, je n'ai pu suivre la monte, et l'agnelage m'a appris que mes brebis *turgues* n'ont pas été fécondées par leurs béliers antenais, soit qu'ils ne fussent pas assez forts, soit parce que, d'ordinaire, ces sortes de brebis ne sont fécondées qu'après avoir été saillies à différentes reprises ; enfin, elles n'ont retenu qu'après que tout le troupeau a été confondu et soumis à la monte des béliers de quatre ans. L'influence des béliers est donc nulle sur les rapports qui ont été l'objet de cette expérience.

Mon troupeau se compose de mérinos de pure race et de métis. Ainsi, au moment de l'agnelage, mes brebis ont été divisées en deux parties : 1°. *turgues* de 1824 ; 2°. non *turgues* ; et chacune de ces parties en deux sections : 1°. mérinos, 2°. métisses.

	Mâles.	Fem.
La première partie a donné :		
Première section.	9	24
Deuxième section..	27	29
Total.	36	53

	Mâles.	Fem.
La seconde partie a donné :		
Première section.	28	32
Deuxième section.	62	54
Total.	90	86

Le rapport des mâles aux femelles a été :

Dans la première partie. : : 1,000 : 1,472

Dans la deuxième partie. : : 1,000 : 905

Il faudrait ajouter quarante-six femelles à la deuxième partie, pour qu'il y eût égalité de rapports.

On observera que le nombre relatif des femelles a été plus grand dans chacune des sections de la première partie que dans les sections correspondantes de la seconde.

J'ai fait remarquer, dans les observations qui précèdent, que les mérinos me donnaient plus de femelles que les métisses, et j'ai dit pourquoi : ici les mérinos ont donné cinquante-six femelles et trente-sept mâles, tandis que les métisses ont donné quatre-vingt-trois femelles et quatre-vingt-neuf mâles.

Ce rapport a été lu, le 3 juillet 1826, dans une réunion des Comices agricoles de Severac, et approuvé par MM. Albert Molinier et Cournuéjouls. Ce fait est consigné dans le registre des procès-verbaux de cette Association.

Dans cette dernière séance, je manifestai le désir de faire, chez deux membres de l'Association, l'expérience suivante : Diviser un troupeau de brebis en deux parties égales et faire naître dans l'une de ces parties, au choix du propriétaire, un plus grand nombre de mâles ou de femelles que dans l'autre.

MM. Lescure de Lavergne, secrétaire des Comices et ex-conseiller de préfecture de l'Aveyron, et Cournuéjouls, maire de la Panouze, offrirent de soumettre chacun son troupeau à cette expérience. Ce fait est consigné dans les procès-verbaux des Comices agircoles de Severac.

M. Lescure est propriétaire de deux domaines presque contigus, situés, l'un à Lavergne et l'autre à Favars. Il tient à peu près le même nombre de bêtes à laine dans l'un et dans l'autre de ces domaines. Je lui ai recommandé de mettre de très-jeunes béliers dans le troupeau dont il voudrait obtenir le plus de femelles, et des béliers de quatre ou cinq ans, forts et vigoureux, dans celui dont il voudrait obtenir le plus de mâles. Je lui ai conseillé, en outre, de faire en sorte que le premier de ces troupeaux eût, pendant la monte, plus de repos et une plus abondante nourriture qne le second.

Il s'est conformé en tout à mes instructions : or, voici le résultat des agnelages de 1827, extrait des notes que m'en a données M. Lescure.

A Lavergne.			A Favars.		
Age des mères.	Sexe des agn.		Age des mères.	Sexe des agn.	
	Mâles.	Fem.		Mâles.	Fem.
Deux ans......	14	26	Deux ans......	7	3
Trois *id*......	16	29	Trois *id*......	15	14
Quatre *id*.....	5	21	Quatre *id*.....	33	14
Total...	35	76	Total...	55	31
Cinq ans et au-des-sus......	18	8	Cinq ans et au-des-sus......	25	24
Total...	53	84	Total...	80	55

N. B. Il y a eu trois portées doubles dans ce troupeau. Un bélier de quinze mois et un autre de près de deux ans en ont fait la monte.

N. B. Il n'y a eu aucune portée double dans ce troupeau. Deux forts béliers, l'un de quatre, l'autre de cinq ans, en ont fait la monte.

Observations.

En 1826, l'agnelage du troupeau de Lavergne avait donné soixante et un mâles et soixante et onze femelles, sur quoi les antenaises avaient produit quatorze mâles et quinze femelles, et une seule brebis avait fait une double portée.

La même année, l'agnelage du troupeau de Favars avait donné soixante-six mâles et quatre-vingts femelles; sur quoi les antenaises avaient produit onze mâles et dix-neuf femelles, et trois brebis avaient fait des portées doubles.

Le troupeau de Lavergne avait donc été un peu moins bien tenu en 1825 que celui de Favars, puisqu'il y a eu moins d'antenaises devenues portières et moins de doubles portées dans celui-là que dans celui-ci : or, le premier de ces troupeaux a donné, en 1826, un moindre nombre relatif de femelles que le second.

En 1826, le troupeau de Lavergne a été mieux tenu que celui de Favars, puisqu'il y a beaucoup plus que dans celui-ci d'antenaises devenues portières, et, en outre, de doubles portées dans l'un et non dans l'autre. Cette circonstance eût suffi à déterminer, en 1827, une plus grande quantité relative de femelles dans l'agnelage de Lavergne que dans celui de Favars ; mais, d'après les renseignemens que m'a fourni M. Lescure sur le régime des deux troupeaux, elle ne peut suffire seule à expliquer la grande différence qu'on remarque dans les rapports des sexes des deux agnelages. Je me crois autorisé à l'attribuer non-seulement à la nourriture des mères, mais encore à l'âge des béliers. Parmi les faits que je pourrais citer à l'appui de ce sentiment, j'en rapporterai un seul, dont je dois la connaissance à M. Lescure.

M. Olier possède à Favars un domaine qui a été démembré, pour droits légitimaires, de celui de M. Lescure. Les deux domaines sont contigus, d'égale nature de terrain, et les brebis sont également nourries dans l'un et dans l'autre; mais le fermier de M. Olier est dans l'usage de n'employer à la monte de son troupeau, composé d'environ trente brebis, et de moutons pour le surplus, qu'un seul bélier antenais, qu'il châtre après la monte, parce qu'il deviendrait coureur, n'ayant pas assez d'occupation chez son maître. Or, on a remarqué que l'agnelage de ce fermier offre constamment depuis sept ans, époque du commencement de son bail, bien plus de femelles que de mâles; il pense, lui, que ce résultat, dont on est surpris dans le voisinage, est inhérent aux bergeries du domaine.

Parce qu'en 1826 le troupeau de Favars a été moins bien nourri que celui de Lavergne, le développement des brebis y a été plus retardé, et les âges de deux, trois et quatre ans ont donné un plus grand nombre relatif de mâles que ceux de cinq ans et au-dessus; tandis que, dans celui de Lavergne, les âges de deux, trois et quatre ans (ce dernier âge surtout), ont donné un bien plus grand nombre relatif de femelles que ceux de cinq ans et au-dessus.

Finalement les rapports des mâles aux femelles ont été :

En 1826 :	En 1827 :
A Lavergne : : 1,000 : 1,182	A Lavergne : : 1,000 : 1,585
A Favars. . : : 1,000 : 1,202	A Favars. . : : 1,000 : 687

Le nombre relatif des femelles, presque égal dans les deux domaines en 1826, a été, en 1827, plus que double à Lavergne de celui de Favars.

Pendant tout l'été de 1826, M. Cournuéjouls a tenu, sur un pâturage très-sec, attenant au village du Bez, un troupeau de cent six brebis, dont quatre-vingt-quatre lui appartenaient, et vingt-deux appartenaient à ses bergers. Vers la fin d'octobre, il l'a divisé en deux sections de quarante-deux bêtes chacune, composées, l'une, des brebis les plus fortes et âgées de quatre à cinq ans ; l'autre, des brebis les plus faibles et âgées de moins de quatre et de plus de cinq ans. La première était destinée à produire un plus grand nombre de femelles que la seconde : celle-là, après avoir été marquée en ma présence avec de la poix fondue, a été conduite dans de bien meilleurs pâturages, auprès de la Panouze, où elle a été livrée à quatre agneaux mâles, âgés d'environ dix mois et de belle espérance ; l'autre est restée sur les pâturages du Bez, et a reçu pour la monte deux forts béliers âgés de plus de trois ans.

Les brebis des bergers, que je considérerai comme formant une troisième section, et qui sont en général plus fortes et mieux nourries que celles du maître, parce qu'ils ne sont pas toujours sévères à leur défendre l'entrée des terres cultivées et non closes, ont été confondues avec celles de la deuxième section.

Le résultat de l'agnelage a été :

	Mâles.	Fem.
Première section.	15	25
Deuxième section.	26	14
Troisième section..	10	12

Il y a eu quatre doubles portées, dont deux dans la première section ont produit. 0 4

Les deux autres, appartenant aux deuxième et troisième sections, ont produit. 3 1

Le rapport des mâles aux femelles a donc été :

Première section.	: : 1,000 : 1,585
Deuxième section. . . .	: : 1,000 : 538
Troisième section. . . .	: : 1,000 : 1,200

Il semblerait donc que le succès de l'expérience a été encore plus heureux chez M. Cournuéjouls que chez M. Lescure ; mais je dois faire observer que les deux troupeaux de ce dernier se composaient également de brebis de tout âge ; qu'ils étaient placés sur des pâturages presque d'égale qualité , et que ses jeunes béliers étaient âgés, l'un de quinze mois, l'autre de près de deux ans ; tandis que, chez M. Cournuéjouls, on avait réuni dans un même troupeau les âges qui donnent ordinairement le plus de femelles , et dans l'autre ceux qui donnent ordinairement le plus de mâles : il y avait une grande différence entre les pâturages de la monte, et enfin les jeunes béliers n'étaient âgés que de dix mois ; tout a donc concouru au succès de cette dernière expérience ; aussi voit-on que le nombre relatif des femelles a été à la Panouze plus que triple de celui du Bez.

Les brebis des bergers ont été placées sous les influences de deux circonstances favorables à la procréation des mâles, les pâturages secs et rares, et l'accouplement avec de forts béliers ; mais elles sont restées sous l'influence d'une troisième circonstance favorable à la procréation des femelles, leur état de force et d'embonpoint et la surveillance du maître (*a*) : elles ont donc donné moins de femelles que celles de la première division, et moins de mâles que celles de la deuxième.

M. Cournuéjouls m'a assuré, et je le savais d'avance, que ses agneaux issus des jeunes béliers étaient tout aussi beaux que ceux qu'avaient fait naître les béliers les plus forts.

Les résultats de cette double expérience ont été communiqués aux Comices agricoles de Severac, dans leur séance du 28 juin 1827, en présence de MM. Lescure et Cournuéjouls, qui les ont certifiés. L'association a ordonné qu'un extrait de la communication qui en a été faite à la Société royale et centrale d'agriculture du département de la Seine, telle qu'elle a été imprimée dans les *Annales de l'agriculture française*, serait ajouté au procès-verbal de cette séance.

Dans la même réunion, j'ai fait l'offre de recevoir chez moi pendant la monte de 1827 cinquante brebis appartenant à des membres des Comices, dont dix de chacun des âges de

---

(*a*) Presque tous les bergers désirent obtenir de leurs brebis plus de mâles que de femelles ; mais rarement ce vœu est exaucé.

deux, trois, quatre, cinq et six ans et au-dessus ;
d'en diriger la monte de manière qu'une moitié,
composée de cinq bêtes de chaque âge, dût
produire principalement des femelles et l'autre moitié des mâles. Je devais, par des marques spéciales, distinguer celles qui seraient
destinées à donner des mâles de celles qui
devraient procréer des femelles. Les brebis
soumises à l'expérience devaient produire
non point exclusivement le sexe demandé à
chacune d'elles, mais plus d'individus de ce
sexe que de l'autre. J'eusse désiré que le troupeau fût composé de cinq lots, que m'auraient
confiés autant de membres des Comices ; mais
la chose n'a pu s'exécuter ainsi, et M. Lescure
de Lavergne m'a fourni les cinquante bêtes
demandées.

Arrivées chez moi, ces brebis ont été divisées
en deux lots de vingt-cinq, et dans chacun il
y a eu cinq sujets de chacun des âges précédemment spécifiés. Le lot destiné à produire le
plus de femelles a été marqué, à la poix, sur
l'épaule gauche, d'une suite de numéros depuis
1 jusqu'à 25, suivant l'ordre des âges ; et l'autre
lot a été marqué, d'une semblable manière,
depuis 26 jusqu'à 50, sur l'épaule droite.

La première division, dans laquelle étaient

réunies les brebis les plus fortes de tous les âges, a été confiée à un de mes bergers et confondue avec mes brebis d'engrais. Elle a reçu pour la monte cinq agneaux mâles âgés de huit mois, et elle a été conduite dans un vieux sainfoin que je me proposais de détruire, et qui était voisin de l'abreuvoir et de la bergerie.

Quant à la deuxième division, j'ai été détourné par une considération qu'il est bon de rapporter, de prendre les mesures qui devaient préparer le résultat que je voulais en obtenir. M. Lescure m'avait confié trop loyalement cette section de son superbe troupeau, pour que je ne dusse, sur toutes choses, en assurer la conservation et éviter même de la lui rendre en mauvais état : c'est pourquoi je l'ai prié de me prêter un de ses bergers, auquel je l'ai livrée après y avoir mis un bélier de quatre ans, que m'avait encore fourni M. Lescure.

Cette section devait être menée sur les pâturages les plus secs de mon domaine et les plus éloignés de la bergerie : tels étaient mes ordres; mais ils ont été bien mal exécutés. Le berger de M. Lescure était un enfant qui n'était jamais sorti du village de Lavergne. La maladie du pays l'a bientôt gagné, et il a déserté au bout de quatre jours. J'ai été obligé de lui faire des concessions pour l'engager à revenir à son poste, et il en a abusé. Je l'ai surpris gardant son troupeau dans le pâturage destiné à la première section. Je me suis fâché ; il a pleuré d'abord, pour toute réponse ; il m'a enfin déclaré qu'il retournerait chez lui, si les brebis confiées à sa garde devaient éprouver des privations. J'ai tâché de lui faire comprendre que nous nous entendions là-dessus M. Lescure et moi ; je lui ai dit qu'après la monte je lui donnerais les moyens d'engraisser son petit troupeau ; je lui ai promis une récompense, et il a eu l'air de se rendre ; mais ayant été moi-même obligé de m'absenter pendant quinze jours, il en a fait à sa tête. Il m'a dit, à mon retour, que la monte de son lot de brebis était terminée, et il est parti avec elles, laissant l'autre lot à Buzareingues. Cependant le résultat a prouvé que de ces vingt-cinq brebis composant le deuxième lot, dix-sept seulement avaient été saillies ou fécondées. Elles avaient été gardées séparément dans des pâturages étendus par un berger qui mettait toute sa gloire à les avoir en bel état : elles ont donc été placées sous l'influence de circonstances favorables à la procréation de femelles ; et nul doute que si, après les avoir marquées, je les avais renvoyées à M. Lescure, pour être confondues,

pendant la monte, avec le reste de son troupeau, j'aurais mieux réussi. (Le surplus du
troupeau de M. Lescure a produit cinquante
mâles et quarante-deux femelles.) Il est d'ailleurs probable que les huit brebis de ce lot qui
n'ont pas reçu le bélier en étaient les plus
faibles, ou celles qui devaient donner le plus
de mâles.

L'autre division n'est partie de mon domaine
que treize jours après le départ de la deuxième :
l'expérience, ici, a été parfaite et le résultat en
a été plus satisfaisant que je n'osais l'espérer.

Voici le relevé des notes que M. Lescure a
tenues, jour par jour, de l'agnelage des cinquante
brebis et qu'il a bien voulu me communiquer;
à mon grand regret, les âges des mères n'y
sont pas spécifiés.

Sur les vingt-cinq brebis marquées à l'épaule
gauche, et destinées à procréer plus de femelles
que de mâles, vingt-trois ont été fécondées et
ont produit sept mâles et dix-huit femelles;
il y a eu deux doubles portées, dont une a
donné un mâle et une femelle, et l'autre deux
femelles; celle-ci provenait d'une brebis de quatre ans, la première d'une brebis de deux ans.

Les vingt-cinq brebis marquées à l'épaule
droite, et destinées à produire plus de mâles

que de femelles, ont donné huit mâles et neuf femelles.

Ce dernier résultat, auquel je m'attendais et que j'avais même annoncé avant de le connaître, est tout-à-fait insignifiant.

Le rapport des mâles aux femelles a été :
Dans le premier lot.. . :: 1,000 : 2,591
Et dans le deuxième. . :: 1,000 : 1,250

L'exposé de cette expérience, tel que je viens de le faire, est inséré dans le procès-verbal de l'avant-dernière réunion des Comices agricoles de Severac, présidée par M. Lescure.

J'ai eu, cette année (1828), l'occasion de faire quelques observations positives sur un fait que j'avais déjà remarqué, mais que je n'avais pas encore noté d'une manière assez spéciale.

Depuis long-temps, j'avais observé que les brebis atteintes de pourriture avant la monte donnaient bien plus de mâles que de femelles ; ayant adressé des questions là-dessus à mon vieux berger, il m'a cité en réponse un fait analogue à ceux que j'avais déjà recueillis; il a porté à un tiers l'excédant des mâles sur les femelles dans les produits d'un troupeau atteint de pourriture avant la monte, dont il avait été le gardien.

Instruit que les brebis des domaines de la

Panouze, de Varez, de Lavergue et de Favars, avaient donné des signes de pourriture avant la monte de 1827, j'ai fait en sorte d'obtenir des notes exactes de leur agnelage en 1828.

	Mâles.	Fem.
Or, d'après ces notes, le troupeau de la Panouze a produit..	80	60
Sur quoi seize brebis, qui portaient la bouteille (sorte de goître), ont donné..	11	5
Celui de Varez.	145	122
Sur quoi trente-huit brebis qui portaient la bouteille.	23	15
Le troupeau de Lavergne a produit.	50	42
Et celui de Favars..	83	65
Il n'en a pas été de même dans les troupeaux parfaitement sains. De ce nombre, celui de Cassagnes a donné..	34	49
Et celui des Cazes.	74	87

Ces derniers faits semblent pouvoir se déduire d'une loi d'après laquelle les mères produiraient des femelles lorsqu'elles sont plus fortes que les mâles, et des mâles lorsqu'elles sont plus faibles. Cependant, il n'en est pas toujours ainsi, et la chose n'est pas tout-à-fait aussi simple; d'après des observations que j'ai faites sur des vaches suisses, ou que j'ai faites ou recueillies sur l'espèce humaine (*a*), les mères atteintes de phthisie pulmonaire produisent plus de femelles que de mâles.

Ainsi sous les influences d'une affection au foie (a pourriture), la femelle produit plus de mâles, et sous celle d'une affection au poumon, elle produit plus de femelles. J'ajouterais, si c'était ici le lieu de parler de mes observations sur l'homme, que c'est le contraire du mâle.

Jusqu'ici, afin de montrer que les brebis les plus fortes, ou celles qui demandent les premières le bélier, sont aussi celles qui produisent le plus de femelles, j'ai pris arbitrairement les premiers produits de l'agnelage et les ai comparés aux suivans; mais comme cette opération ne donne pas une idée assez précise de la marche ordinaire de l'agnelage et de la distribution des sexes dans ses diverses périodes, j'ai pris le parti, en 1828, de diviser l'agnelage de chacun des troupeaux sur lesquels j'ai pu obtenir des notes, en sections à peu près égales, dont le nombre a été déterminé par la

____

(*a*) Voyez la note 36.

possibilité de faire cette division sans distribuer dans deux parties différentes les productions d'une même journée. Je présente ici les résultats de cette opération.

L'agnelage de Lavergne, dans lequel ne sont point compris les produits des bêtes qui ont été saillies à Buzareingues, dont il a déjà été parlé, a donné successivement :

	Mâles.	Fem.
1°...............................	10	13
2°...............................	16	7
3°...............................	12	11
4°...............................	12	11

Les divers âges ont produit ; savoir,

	Mâles.	Fem.
Celui de deux ans............	16	7
Celui de trois ans............	17	9
Celui de quatre ans..........	9	14
Celui de cinq ans............	6	9
Celui de six ans.............	2	3

L'agnelage de Favars a donné successivement :

	Mâles.	Fem.
1°...............................	8	10
2°...............................	13	5
3°...............................	10	8
4°...............................	12	6
5°...............................	12	6

Mâles. Fem.

	Mâles.	Fem.
6°.	9	10
7°.	9	10
8°.	10	8

Les divers âges ont produit; savoir,

Celui de deux ans.	16	12
Celui de trois ans.	18	15
Celui de quatre ans..	20	18
Celui de cinq ans et au-dessus. .	27	18

Je rapporte aux brebis vieilles, comprises dans ce dernier âge, la grande prédominance des mâles.

L'agnelage de Varez a produit successivement :

	Mâles	Fem.
1°.	32	33
2°.	33	31
3°.	43	25
4°. . . . . 23 m. 13 f.	37	33
5°. 14 20		

L'agnelage de Cassagnes a produit successivement :

	Mâles	Fem.
1°.	6	14
2°.	11	10
3°.	6	14
4°.	11	11

L'agnelage des Cazes a donné successivement :

	Mâles.	Fem.
1°..	5	15
2°..	8	12
3°..	9	11
4°..	9	11
5°..	14	6
6°..	10	10
7°..	11	9
8°..	8	13

Le dernier de ces relevés présente assez fidèlement le rapport moyen des sexes dans les
diverses périodes des naissances du commun
des agnelages. On remarque, dans l'ensemble
de ces relevés, une prédominance relative du
sexe féminin dans le commencement et vers
la fin de l'agnelage, et du sexe masculin vers
le milieu. Mais les brebis qui mettent bas les
premières ou les dernières sont aussi celles qui
ont reçu le bélier les premières ou les dernières. Or, les plus fortes brebis demandent
le bélier avant les autres; et parmi elles, plusieurs le demandent deux ou trois fois à dix-
sept ou dix-huit jours d'intervalle d'une époque de chaleur à la suivante; la monte de

celles-ci se continue donc après celle des bêtes moyennes, et, par suite, leur agnelage après celui de celles-ci.

En 1828, deux truies de deux ans, fécondées par un verrat d'un an, m'ont donné, l'une trois mâles et huit femelles, l'autre trois mâles et sept femelles.

Des faits qui précèdent il résulte que, chez les mammifères domestiques, les trop jeunes et les vieilles femelles, ainsi que celles qui sont ou mal nourries, ou faiblement constituées, ou soumises à de pénibles exercices à l'époque de l'accouplement, produisent en général un plus grand nombre relatif de mâles que celles qui sont dans le moyen âge et dans un bel état de vigueur et de santé, surtout si les unes sont fécondées par des mâles vigoureux d'une forte constitution et de moyen âge, et les autres par des mâles trop jeunes ou vieux, ou d'une faible complexion. Il m'a paru intéressant de savoir s'il en était de même des oiseaux domestiques.

Rozier a prétendu avoir observé chez les dindonneaux que, lorsque l'animal est sorti de l'œuf et plusieurs jours après, la femelle est plus grosse que le mâle; et il a ajouté qu'en suivant cette indication il devenait difficile de se tromper sur le sexe de ces oiseaux : ceux

qui en ont écrit l'histoire après lui ont adopté
ce sentiment. Mais les faits prouvent seulement
que parmi les plus gros des dindons naissans
il y a un peu plus de femelles que de mâles ;
et c'est l'unique résultat que j'aie encore obtenu
de mes observations sur la reproduction de ces
oiseaux. Car l'humidité du mois de mai 1827,
qui m'a beaucoup contrarié dans toutes mes
expériences, a fait périr au moins les trois
quarts de mes dindons, avant que je pusse en
déterminer le sexe.

Je n'ai pas été plus heureux dans mes expériences sur les œufs de cane : un accident m'a
privé de tous les canetons, presque immédiatement après l'éclosion.

Enfin, en 1827, la poule m'a fourni les seules
observations qui méritent d'être rapportées.

J'ai voulu savoir lesquels des œufs gros ou
des œufs petits, des ronds ou des longs, donnent le plus de mâles ou le plus de femelles.

Je n'ai dû comparer ensemble que les produits d'une même basse-cour ; car les œufs qui
semblent gros en un lieu paraissent petits en
un autre, à cause de la différence des races,
déterminée par celle de la nourriture.

Ce n'est pas par le rapport du poids des œufs
qu'on peut toujours juger de celui de leur

volume ; car souvent les plus gros pèsent moins que les plus petits, lorsqu'ils n'ont pas été pondus à une même époque, à cause de l'évaporation de la partie humide. On doit donc les mesurer, et la plus exacte des mesures est celle qu'on obtient par le déplacement de l'eau, dont, pour plus de commodité, le poids peut représenter le volume du corps qui l'a déplacée.

Cependant, en 1826, j'ai pesé les œufs mêmes, après avoir séparé à vue d'œil les plus gros des plus petits ; et les poids obtenus ont confirmé mes jugemens sur les rapports de volume.

En 1827, j'ai procédé de la manière suivante :

Après avoir formé les couvées par approximation, en réunissant ensemble les œufs qui me paraissaient les plus gros et ensuite les plus petits, j'ai plongé à-la-fois tous les œufs d'une même couvée dans un vase parfaitement plein d'eau et placé dans un autre vase vide. L'eau qui, par le fait de cette immersion, a passé dans le second vase a été pesée exactement, et son poids a représenté le volume total de la couvée. En divisant ce poids par le nombre des œufs, j'ai obtenu une représentation moyenne du volume de chaque œuf.

Afin d'éviter toute confusion, j'ai fait à l'encre des marques spéciales sur toutes les couvées. J'ai marqué les poulets au moment de l'éclosion, en leur coupant un des ongles de l'une ou de l'autre patte. Cette manière de les différencier est très-simple ; mais il faut avoir soin de rafraîchir la marque tous les quinze jours : car l'ongle coupé repousse et finit par n'être pas différent des autres. C'est pour avoir négligé cette précaution sur les petits de certaines couvées, que j'avais réunis sous la conduite d'une même poule, qu'il m'a été impossible de les reconnaître, et que j'ai été privé du résultat d'une partie de mes peines.

J'ai ouvert l'abdomen des poulets qui ont péri, afin d'en reconnaître le sexe lorsqu'ils n'en avaient encore donné aucune marque extérieure.

J'ai tenu de tout des notes très-exactes dont voici le résumé.

EXPÉRIENCES DE 1826.

Domaine de la Goudalie.

	Mâles.	Fem.
Trente œufs de poule de forme sphérique et du poids moyen de cinquante-quatre grammes trente-trois centigrammes ont donné.	15	15
Soixante œufs *id.* de forme alongée et de même poids que les précédens ont donné.	30	30

Mâles. Fem.

Huit œufs de forme sphérique et du poids de quarante-sept grammes cinquante-six centigrammes ont donné. 7   1

Domaine de Buzareingues.

Soixante œufs de dinde, du poids moyen de soixante-neuf grammes cinquante centigrammes, provenant de femelles âgées d'un an et petites, ont donné. 40   20

EXPÉRIENCES DE 1827.

Domaine de Buzareingues.

DATES des couvaisons.	NOMBRE des produits dont le sexe a été reconnu.	POIDS MOYEN de l'eau déplacée par chaque œuf.	NOMBRE des mâles.	des femelles.	OBSERVATIONS.
		g.			
6 juin...	16	40,76	9	7	
21 mai...	22	41,15	14	8	Ecl. le 11 juin av. midi.
14 mai...	16	43,68	9	7	Ecl. le 4 juin.
28 mars...	13	44,64	6	7	
6 juin...	6	45,44	.5	1	
21 mai...	20	46,52	10	10	Ecl. le 11 juin ap. mid.
6 juin...	5	46,88	1	4	
14 mai...	17	47,04	8	9	Ecl. le 5 juin.
6 juin...	10	53,00	4	6	

Domaine de Lenne.

13 mai...	11	49,20	8	3	Les poules de ce domaine sont plus fortes que celles de Buzareingues.
22 avril..	10	50,93	6	4	

Dans ce dernier domaine, une troisième couvée, dont les œufs étaient à vue d'œil plus gros que ceux de la première et plus petits que ceux de la seconde, a donné six mâles et trois femelles; et une quatrième couvée, dont les œufs provenaient d'une jeune poule huppée, choyée de la maîtresse de la maison, et par conséquent bien nourrie, a donné cinq mâles et sept femelles.

Le total de ces diverses naissances s'élève à cent quatre-vingt-trois mâles, et cent quarante-deux femelles.

Si de nouvelles et nombreuses expériences confirment ces résultats, comme le volume des œufs est en rapport avec celui des oiseaux, il deviendra. constant 1°. que, dans une même basse-cour et sous une même race de volaille, les plus fortes femelles procréent un plus grand nombre relatif de femelles que les plus petites; 2°. qu'il n'y a pas de rapport certain entre le sexe du poulet et la forme de l'œuf; 3°. que l'éclosion des œufs les plus petits est plus hâtive que celle des œufs les plus gros; 4°. que chez les gallinacées la prédominance du sexe masculin est plus grande que chez les mammifères.

Les poules vieilles font des œufs gros, et si les oiseaux obéissent aux mêmes lois de reproduction que les mammifères, ces œufs doivent donner autant de mâles que les plus petits. Or, on remarquera que la prédominance des mâles fournis par les œufs petits est plus grande que celle des femelles fournies par les œufs gros. On a pu remarquer encore que les très-jeunes femelles qui n'ont pas acquis un développement précoce donnent un grand nombre relatif de mâles. Il est donc probable que les mêmes lois de reproduction sont communes aux mammifères et aux oiseaux.

L'expérience comparative des œufs ronds et des œufs longs a été faite par mes ordres, mais non pas sous mes yeux; et quoique je n'en suspecte pas les résultats, je ne puis les garantir.

Quelques faits semblent prouver que, selon l'opinion commune des ménagères, il n'est pas réellement indifférent de mettre couver les œufs sous toutes les phases de la lune, et que l'éclosion est d'autant plus heureuse qu'elle est plus voisine de la pleine lune. Toutes les couvées du domaine de Buzareingues, en 1827, étaient composées de vingt-cinq œufs. Or, comme on peut s'en convaincre par le tableau précédent, le succès des couvaisons a été dans l'ordre suivant : 1°. celles du 21 mai, 2°. celles du 14 mai, 3°. celle du 28 mars, 4°. celles du 6 juin. Or, l'éclosion des premières a eu lieu le 16 de la lune ; celle des secondes, le 10; celle de la troisième, le 21; et celle des quatrièmes, le 4. Les intervalles de ces époques à celle de la pleine lune sont deux, quatre, sept, dix jours. Ces rapports, s'ils étaient constans, ne pourraient-ils pas être l'effet de l'influence de la lumière ou de l'obscurité sur l'état d'agitation ou de repos de la couveuse? Par trop de chaleur, les couveuses immobiles tuent les petits, ou en contrarient le développement.

EXPÉRIENCES DE 1828.

Pouvant disposer de la volaille du domaine de Lenne, j'en ai extrait et transporté à Buzareingues toutes les poulettes de l'an passé, et les ai remplacées par un égal nombre de poules de plus d'un an, prises dans la basse-cour de ce dernier domaine, où il n'est resté qu'un petit nombre de poules fortes; deux poulets mâles, âgés de huit mois, ont été donnés à la première de ces deux colonies; et trois coqs de deux à quatre ans, à la deuxième.

A l'époque de la ponte, j'ai envoyé prendre des œufs à Lenne pour les faire couver sous mes yeux, et comme ce domaine appartient à ma mère, il m'a été facile de m'assurer qu'on y tînt des notes exactes sur le sexe des sujets qui y seraient élevés.

J'ai distingué, comme devant donner des résultats différens, les œufs produits avant le mois de juillet de ceux qui l'ont été après le mois de juin, parce qu'il est d'observation constante que ces derniers donnent plus de femelles que les premiers ; ce qui est aisé à concevoir, si l'on fait attention que les poules, pendant l'été, mangent aux champs tant qu'elles veulent et cessent de répondre à l'appel de la ménagère qui leur distribue la nourriture aux autres époques de l'année.

J'ai fait le restant de l'expérience comme en 1827.

J'ai sacrifié plusieurs couvées, le jour même de l'éclosion, afin d'éviter les pertes absolues qui me privaient toujours de quelques parties des résultats.

Le volume des œufs couvés à Lenne n'a pas été déterminé, mais nous savons qu'ils proviennent de poules fortes et de très-jeunes coqs, et c'est ce qui nous importe le plus ; leurs produits sont compris dans la deuxième section de l'expérience comme provenant de pontes postérieures au mois de juin.

Je réunis ici, dans un seul tableau, toutes mes notes sur cette expérience. (*Voir le Tableau ci-contre.*)

Femelles.	Pertes.	OBSERVATIONS.
5	6	
4	3	Couvés par une poule.
10	»	
10	4	
8	»	
5	»	Couvés par une poule, 6 étaient éclos avant midi.
7	»	Couvés par une poule, 14 étaient éclos avant midi.
4	»	
53	13	
9	6	Dont 4 sont éclos le 3 et 19 le 4.
13	1	Dont 13 sont éclos le 3 et 11 le 4.
10	8	
13	1	La couveuse a abandonné ses œufs à plusieurs reprises.
6	2	Couvés par une poule.
51	18	
10	»	
12	2	
10	»	Les Notes sur les dates de l'éclosion de cette série ne sont pas complètes.
13	»	
8	»	
8	»	
61	2	
7	»	Les œufs de cette dernière série ont été couvés à Lenne, et l'on n'a tenu note que des sexes des poulets.
7	»	
9	»	
23	»	

De la Génération, page 184.

TABLEAU de l'expérience de 1828 sur la reproduction de la Poule.

Division de l'expérience.	État relatif du Coq et de la Poule.	Nombre des œufs de chaque couvée.	Date du premier jour de l'incubation.	Poids moyen de l'eau déplacée par chaque œuf. (Kil.)	Dates de l'éclosion.	Âge de la lune à l'époque de l'éclosion.	Nombre de Poulets éclos.	Rapport du Nombre des Poulets éclos à celui des œufs.	Sexes reconnus. Mâles.	Femelles.	Pertes.	Observations.
1re. PARTIE. OEufs provenant de la ponte antérieure au mois de Juillet.	Coqs forts. Poules faibles.	25	Le 5 Juin....	0,0448	Les 25, 26 et 27 Juin.....	14e., 15e. et 16e. jour	22	:: 0,880 : 1	11	5	6	Couvés par une poule.
		15	Le 1er. Mai..	0,0391	Les 22 et 23 Mai........	9e. et 10e. jour.....	14	:: 0,955 : 1	7	4	3	
		24	Le 1er. Mai..	0,0415	Les 22, 23 et 24 Mai......	9e., 10e. et 11e. jour.	21	:: 0,875 : 1	11	10	»	
		25	Le 9 Juin....	0,0438	Les 30 Juin et 1er. Juillet.	19e. et 20e. jour....	21	:: 0,857 : 1	7	10	4	
		25	Le 18 Mai...	0,0469	Les 8 et 9 Juin..........	26e. et 27e. jour...	19	:: 0,760 : 1	11	8	»	
		15	Le 22 Avril..	0,0510	Le 14 Mai..............	1er. jour..........	10	:: 0,806 : 1	5	5	»	Couvés par une poule, 6 étaient éclos avant midi.
		16	Le 22 Avril..	0,0414	Le 14 Mai..............	1er. jour...........	15		8	7	»	Couvés par une poule, 14 étaient éclos avant midi.
		24	Le 20 Juin...	0,0425	Les 11 et 12 Juillet.......	30e. et 1er. jour....	19	:: 0,791 : 1	15	4	»	
		169		0,0441			141	:: 0,834 : 1	75	63	13	
	Coqs faibles. Poules fortes.	28	Le 13 Mai...	0,0492	Les 3 et 4 Juin..........	21e. et 22e. jour....	23	:: 0,821 : 1	8	9	6	Dont 4 sont éclos le 3 et 19 le 4.
		28	Le 13 Mai...	0,0428	Les 3 et 4 Juin..........	21e. et 22e. jour....	24	:: 0,857 : 1	10	13	1	Dont 13 sont éclos le 3 et 11 le 4.
		25	Le 27 Mai...	0,0438	Les 16 et 17 Juin........	5e. et 6e. jour....	25	:: 1,000 : 1	7	10	8	La couveuse a abandonné ses œufs à plusieurs reprises.
		24	Le 27 Mai...	0,0488	Le 16 Juin.............	5e. jour.........	21	:: 0,840 : 1	7	13	1	
		14	Le 24 Mai...	0,0416	Les 14 et 15 Juin.......	3e. et 4e. jour.....	13	:: 0,928 : 1	5	6	2	Couvés par une poule.
		119		0,0455			106	:: 0,889 : 1	37	51	18	
2e. PARTIE. OEufs provenant de la ponte postérieure au mois de Juin.	Coqs forts. Poules faibles.	24	Le 1er. Août..	0,0510	Les 22 et 23 Août........	13e. et 14e. jour...	23	:: 0,958 : 1	13	10	»	
		22	Le 2 Juillet..	0,0419	Les 23 et 24 Juillet.......	12e. et 13e. jour...	20	:: 0,909 : 1	6	12	2	Les Notes sur les dates de l'éclosion de cette série ne sont pas complètes.
		18	Le 2 Juillet..	0,0467	Les 23 et 24 Juillet.......	12e. et 13e. jour...	18	:: 1,000 : 1	8	10	»	
		28	Le 10 Juillet.	0,0382	Les 31 Juillet et 1er. Août.	20e. et 21e. jour...	24	:: 0,857 : 1	11	13	»	
		22	Le 25 Juillet.	0,0440	Le 16 Août.............	7e. jour.........	17	:: 0,772 : 1	9	8	»	
		18	Le 25 Juillet.	0,0509	Le 15 Août............	6e. jour..........	16	:: 0,888 : 1	8	8	»	
		132		0,0444			118	:: 0,894 : 1	55	61	2	
	Coqs faibles. Poules fortes.	»	....	»	....	....	»	0,000	5	7	»	Les œufs de cette dernière série ont été couvés à Lenne, et l'on n'a tenu note que des sexes des poulets.
		»	....	»	....	....	»	0,000	4	7	»	
		»	....	»	....	....	»	0,000	5	9	»	
		»		»			»	0,000	14	23	»	

De la Génération, page 184.

Dans la première section de l'expérience, le rapport des mâles aux femelles a été :

1°. Pour les produits des coqs forts et des poules faibles. . . . . $: : 1,415 : 1,000$

2°. Pour les produits des coqs faibles et des poules fortes. . . . . $: : 725 : 1,000$

Et dans la deuxième section, il a été, en suivant le même ordre,

1°.. . . . . $: : 901 : 1,000$
2°.. . . . . $: : 608 : 1,000$

Le rapport total des mâles aux femelles a été de 181 à 188. Il avait été, en 1826 ou 1827 (chez les poulets), de 143 à 122. Il a donc changé à l'avantage des femelles, très-probablement par le fait des jeunes coqs, seule circonstance nouvelle.

Comme en l'année précédente, la durée de l'incubation des œufs les plus petits a été un peu moindre que celle des œufs les plus gros; et les couvées ont d'autant mieux réussi, que l'époque de l'éclosion a été plus voisine de celle de la pleine lune. Cependant celles dont l'incubation a été suspendue pendant quelques momens ont fort bien réussi, quoique l'éclosion en ait été éloignée de la pleine lune; ce qui prouve qu'en effet c'est à l'influence de la lumière sur la couveuse que l'on doit rapporter ce résultat observé par les ménagères, et qui est particulier, si je ne me trompe, à l'incubation des œufs de la poule commune par la poule d'Inde, laquelle a probablement un excédant de chaleur pour des œufs plus petits que les siens.

On peut remarquer, dans le tableau qui précède, que le nombre relatif des femelles n'a pas été toujours en rapport avec le volume des œufs; et qu'une couvée de vingt-huit œufs de la plus petite dimension a donné, sur vingt-quatre sujets venus à bien, onze mâles et treize femelles; tandis qu'une autre couvée de vingt-quatre œufs du plus grand volume a donné, sur vingt-trois sujets éclos, treize mâles et dix femelles. Ce n'est donc point, comme on pourrait le penser, la nourriture qui détermine le sexe de l'embryon, il est déjà décidé au moment de la fécondation, et il dépend de l'état relatif du père et de la mère, ou plutôt de celui de leurs formations reproductrices, comme nous l'expliquerons plus tard : ici, le volume de l'œuf n'est qu'un léger indice de l'état de la femelle lorsqu'elle reçoit le mâle ; mais il n'indique pas l'état de ce dernier, et n'annonce par conséquent qu'un des termes du rapport, qui doit être représenté dans l'embryon. Je dis qu'il n'est qu'un léger indice de l'état de la femelle ; il est, en effet, ordinairement en rapport avec la taille, la race, la force de celle-ci : cependant une poulette bien développée et disposée à procréer des femelles fait des œufs plus petits qu'une poule vieille disposée à procréer des mâles ; et les œufs les plus gros, qui sont très-souvent fournis par les poules les plus vieilles, sont quelquefois ceux qui donnent le plus de mâles : d'où il suit que, considéré dans des œufs pris au hasard et provenant de poules de différens âges, le volume des œufs ne pourrait autoriser que de faibles conjectures sur le sexe des poulets à naître.

Dans l'autopsie d'un grand nombre de poulets, j'ai observé constamment un rapport inverse entre le volume du vitellus et celui du foie ; le vitellus décroît à mesure que le foie se développe.

J'ai rencontré un sujet mort-né chez lequel le vitellus avait totalement disparu, ce qui n'arrive ordinairement que sept à huit jours après l'éclosion ; il avait le foie plus développé qu'à l'ordinaire, et les intestins à l'état rudimentaire : je l'ai mis dans de l'alcool.

Si l'on ajoute à ces faits la parfaite similitude entre la couleur du vitellus et celle du foie à l'époque de la naissance de l'oiseau, on sera induit à supposer que l'un sert à la formation de l'autre.

Il n'est pas de fait plus concluant que celui qu'a recueilli M. Isidore Geoffroy Saint-Hilaire, et qui a été consigné dans les *Annales des sciences naturelles*, d'où nous allons l'extraire.

Note sur un fait remarquable pour la théorie de la procréation des sexes.

Dans l'article très-important que M. Isidore Geoffroy Saint-Hilaire a publié depuis peu dans le *Dictionnaire classique d'histoire naturelle sur les mammifères en général*, on trouve un fait qui se rattache évidemment aux curieuses recherches de M. Girou de Buzareingues; le voici tel qu'il est rapporté par l'auteur, qui l'a observé dans la Ménagerie du Muséum d'histoire naturelle de Paris.

Une chienne de très-grande race, et venant du mont Saint-Bernard, avait été couverte successivement par un chien de chasse ordinaire, et par un chien de la race de Terre-Neuve; elle mit bas en mai 1824 jusqu'à onze petits, qui présentaient les caractères suivans : six d'entre eux se trouvaient semblables au chien de chasse; cinq ressemblaient, au contraire, au chien de Terre-Neuve. Ces animaux différaient ainsi tellement entre eux, qu'on aurait cru difficilement qu'ils fussent nés de la même mère et de la même portée. Les jeunes chiens de Terre-Neuve étaient en effet d'une couleur toute différente des premiers et d'une taille double de la leur. Aucun d'eux n'avait d'ailleurs des rapports de coloration avec la mère, et il n'y avait pas à cet égard à s'y méprendre, celle-ci étant très-remarquable par de belles taches jaunes répandues sur un fond blanc. Enfin, et ce fait ne nous a pas paru moins digne d'attention, les cinq jeunes chiens de Terre-Neuve se trouvaient tous du sexe mâle, et les six autres, au contraire, du sexe femelle. La même mère a fait depuis d'autres portées qui n'ont rien présenté de remarquable, nous dirons seulement qu'elles étaient moins nombreuses.

Frappés des circonstances singulières de cet accouplement, nous avons désiré connaître avec plus de détail les rapports de taille et de force des trois individus qui y avaient coopéré, M. Isidore Geoffroy a bien voulu nous transmettre la note suivante.

Le chien de Terre-Neuve, père des cinq jeunes mâles, existe encore à la Ménagerie ; il a plus de trois pieds et un quart du bout du museau à l'origine de la queue, et sa hauteur au train de devant est de deux pieds un pouce environ.

La chienne du mont Saint-Bernard était un peu plus grande que celui-ci, je ne puis dire de combien ; mais je sais du moins que la différence entre eux était peu considérable.

Quant au chien courant, père des six jeunes femelles, il était beaucoup plus petit que les individus précédens.

Ainsi les femelles étaient le produit de l'accouplement d'une femelle avec un mâle beaucoup plus petit qu'elle-même ; tandis que les mâles provenaient de l'accouplement d'une femelle avec un mâle dont la taille n'était inférieure à la sienne que de très-peu de chose.

La différence entre les jeunes mâles et les jeunes femelles était extrêmement remarquable : les premiers, deux fois plus gros que les secondes, étaient aussi d'une couleur très-différente ; la mère ne ressemblait ni aux uns ni autres.

Qu'on rapproche maintenant ce fait des résultats énoncés dans le premier mémoire de M. Girou de Buzareingues (*Annales des sciences naturelles*, tome V, page 21), et l'on verra qu'il est précisément tel qu'on aurait pu le prévoir. C'est une expérience toute faite, et que le hasard a combinée avec autant de soin que si elle eût été dirigée par un observateur habile. (*Annales des sciences naturelles.*)

Si, des vertébrés on passe aux invertébrés, on y retrouve les mêmes lois.

Les abeilles ouvrières peuvent devenir mères, si, à l'état de larves et dans les trois premiers jours de leur naissance, elles reçoivent la nourriture destinée aux larves des reines; mais elles n'acquièrent toutes les facultés des reines qu'autant qu'elles occupent aussi une cellule plus grande que la leur, une cellule royale; car si elles continuent d'être logées à l'étroit, elles restent petites, nonobstant l'amélioration de leur nourriture, et ne peuvent procréer que des mâles. (*Règne animal de M. le baron Cuvier*, tome III, par M. Latreille.)

EXPÉRIENCES SUR LES PLANTES.

J'ai fait encore quelques expériences et quelques observations sur la reproduction des plantes.

J'ai voulu connaître d'abord si le sexe des

plantes dioïques dépendait du plus ou moins
de nourriture ou du volume de la semence.
J'ai en conséquence semé, en 1817, du chanvre
sur un terrain gras et sur un terrain aride ;
ailleurs et dans un même fond , la même plante
a été semée épais sur un point et clair sur un
autre ; dans l'une et l'autre partie de l'expérience, la semence avait été divisée en trois
qualités, petite, moyenne, grosse : l'expérience a été faite simultanément dans deux
domaines différens ; le résultat n'a présenté
rien de constant. Ici, le chanvre semé dru, le
terrain aride, la semence petite, m'ont donné
plus de mâles et ailleurs plus de femelles ; et
les rapports des sexes ont été tellement variables, que je n'ai pu en rien déduire. Cependant j'ai observé que de la semence recueillie
près d'Issoire, dans la Limagne d'Auvergne,
ou dans le meilleur fond de France, m'avait
donné bien plus de femelles que celle qui avait
été cueillie dans le département de l'Aveyron,
et dans un fond de moindre qualité. J'ai voulu
m'assurer si les plantes grêles donnaient constamment plus de mâles que les plantes fortes ;
ce qui me semblait très-douteux, parce que les
rapports de force des deux sexes sont les
mêmes dans l'une et l'autre qualité : il m'a paru

en même temps plus rationnel de chercher si, dans toute la longueur de l'épi du chanvre, les grains des deux sexes étaient distribués sous un même rapport.

J'ai donc séparé en 1828, sur du chanvre de l'année précédente que j'avais conservé tout exprès, les tiges fortes des tiges faibles, et j'en ai divisé les épis, tant des unes que des autres, en deux parties, l'une supérieure et l'autre inférieure. J'ai fait la même opération sur des épinards, j'étais très-curieux du résultat de cette expérience, j'en attendais quelque chose, mais une partie de mon chanvre a été détruite par les limaces ou par du sel de cuisine répandu par moi-même pour les faire périr ; et un orage épouvantable a enterré mes épinards au moment de la floraison. La nature est bien avare de ses secrets, elle ne les révèle qu'à une constante importunité.

Cent vingt-cinq pieds de chanvre seulement se sont conservés ; et c'est de ce faible débris de mon expérience que je puis rendre compte.

Le rapport des mâles aux femelles a été :

1°. Dans les sujets venus de plantes grêles. . . . . . . :: 692 : 1,000

Et dans ceux qui provenaient des plantes fortes. . :: 907 : 1,000

2°. Dans les sujets venus de semence fournie par la moitié inférieure de l'épi des plantes
grêles.. . . . . :: 1,250 : 1,000

Et dans ceux qui prove-
naient de la moitié supé-
rieure.. . . . . :: 444 : 1,000

3°. Dans les sujets venus
de semence fournie par la
moitié inférieure de l'épi
des plantes fortes. . . . . :: 1,000 : 1,000

Et dans ceux qui prove-
naient de la moitié supé-
rieure.. . . . . :: 827 : 1,000

La moitié inférieure de l'épi a donc donné
dans les deux parties de l'expérience un plus
grand nombre relatif de mâles que la moitié
supérieure. Ce résultat serait intéressant s'il
était confirmé par d'autres expériences; il le
serait encore davantage s'il était reconnu en
même temps que les œufs fournis par la base
de la grappe qui constitue l'ovaire des oiseaux
donnent en général plus de mâles que ceux
qui viennent du sommet, comme l'indiquent
les rapports des sexes fournis par la ponte du
printemps et par celle de l'été. Ce serait la partie extérieure du disque qui donnerait le plus
de mâles, quels rapprochemens (37)! Mais

consultons la nature, et ne cherchons pas à la deviner.

La même année 1828, j'ai rencontré, dans le mois d'août, quelques pieds de lychnide dioïque femelle, qui avaient poussé après que les champs et les prés avaient été dépouillés de leurs récoltes; il n'y avait point de mâle aux environs, et la semence de ces lychnides a complétement avorté dans trois sujets différens, les seuls que j'aie observés, quoique la floraison en ait été parfaite.

CHAPITRE VIII.

Système sur la génération.

L'APPAREIL de la génération se compose, tant dans le mâle que dans la femelle, d'organes où sont diversement représentées la vie de végétation et la double vie d'organisation : la vie de végétation est bien mieux représentée dans la femelle que dans le mâle; celle d'organisation intérieure l'est moins bien dans la femelle que dans le mâle, et celle d'organisation extérieure l'est bien mieux chez le mâle que chez la femelle. Le système nerveux à base

13.

interne est mieux représenté, dans ce même appareil, chez le mâle que chez la femelle ; c'est le contraire du système nerveux à base externe (*a*) : celui-ci, du moins, ne prédomine pas dans le mâle autant que le premier.

Par le concours simultané des corps caverneux et du testicule chez le mâle, et très-probablement aussi par celui de leurs analogues chez la femelle (*b*), sont sécrétées ou fournies des représentations nerveuses en nombre indéterminé, ordinairement très-grand, sous les influences variables des deux vies d'organisation, et du double appareil nerveux affecté à chacune d'elles. Ces nombreuses représentations rudimentaires (38) naissent d'une succession rapide d'effluves instantanées d'esprits, d'incitans et d'excitans, qu'une tendance, pour ainsi dire plastique, condense.

Ces effluves impondérables disposent des molécules muqueuses et des molécules fibreuses, qui leur sont fournies par le sang ou la lymphe, ou qu'elles en séparent, soit dans les testicules, soit dans les glandes accessoires, soit

---

(*a*) Voyez le Chapitre IV sur la division de la vie.

(*b*) Je ne répète pas ici ce que j'ai déjà dit au Chapitre VI, mais je prie le lecteur de ne pas l'oublier.

dans les vésicules séminales ; et par cette influence générale de la vie, dont elles sont l'é-
tincelle assimilatrice, elles les organisent sur
les plans rudimentaires dont elles sont aussi le
type créateur.

Ces représentations animées réunissent les
propriétés d'un double élément électrique.
Elles sont fibreuses-muqueuses ou muqueuses-
fibreuses; suivant les rapports de leur couche
motrice à leur couche sensitive, elles ont été
prises pour des animalcules, et en conservent
le nom (39).

La force motrice est éminemment représentée dans les animalcules du mâle, et la force
sensitive l'est mieux que la force motrice dans
ceux de la femelle. Ceux-ci se meuvent donc
bien moins que ceux-là, sont plus diaphanes,
et partant plus difficiles à être aperçus.

La femelle forme, en outre, un nombre à
peu près déterminé pour chaque espèce d'animaux, de sujets cellulaires appelés cicatricules,
destinés à devenir le canevas, le parenchyme de
l'organisation.

Sur chacun de ces sujets, se greffent une des
représentations nerveuses de la femelle et une
autre du mâle; de l'union de ces greffes, soit
entre elles, soit avec le sujet, et des enveloppes

ou des membranes qu'elles reçoivent dans l'utérus, résulte, chez les mammifères, le corps arrondi, qui prend le nom d'ovule.

L'ovule se greffe sur l'utérus ; et vers le point de son adhérence avec ce viscère, se forme le bourrelet appelé *placenta*.

L'embryon se développe et présente dans son évolution la résultante des combinaisons dont il est le produit.

La vie fœtale cesse lorsque la vie extra-utérine complétement organisée peut entrer en activité : alors le fœtus, qui jusque-là a vécu en parasite sur l'utérus (40), s'en détache et est expulsé.

Revenons à ce qui se passe dans la formation de l'embryon, et suivons les résultats de nos combinaisons.

L'une des représentations réunies dans l'ovule a été formée sous les influences de la vie intérieure, et l'autre sous celle de la vie extérieure ; c'est, nous le verrons bientôt, une des conditions de leur rapprochement : or, la première doit déterminer le sexe du fœtus, qui détermine ensuite la prédominance de l'organisation ou celle du tissu cellulaire, suivant qu'il est ou masculin ou féminin.

Le père et la mère étant représentés plus

ou moins puissamment dans leurs formations nerveuses, l'organisation, tant intérieure qu'extérieure, du fœtus, qui naît de l'union de ces formations, se compose donc de deux branches : l'une, qui vient du père, et que j'appelle *masculine ;* l'autre, qui vient de la mère, et que j'appelle *féminine*. Mais comme chacune de ces branches se compose elle-même d'autres deux branches, l'une masculine et l'autre féminine, provenant des aïeuls des deux sexes, tant paternels que maternels, et ainsi de suite, il y a dans le fœtus une série de représentations ascendantes, dont chaque terme est d'autant plus faible qu'il remonte plus haut.

Afin de ne pas trop compliquer notre sujet, nous nous arrêterons aux représentations les plus prochaines ou les plus immédiates, que nous diviserons chacune en deux sections, l'une pour la vie intérieure, l'autre pour la vie extérieure. La reproduction se fait par le concours de la vie intérieure et de la vie extérieure, sous les influences spéciales de la vie prédominante, de la branche apparente dans cette vie, et de la section prédominante dans cette branche, lesquelles sont spécialement représentées dans les productions créées sous leur influence.

Ni la même vie, ni la même branche ascendante, ni la même section de cette branche, ne prédominent constamment dans le même individu. C'est pourquoi, la semence qui est sécrétée successivement renferme des représentations formées les unes dans l'équilibre des deux vies, les autres sous l'influence de l'une ou de l'autre vie, et la plupart sous celle de la branche et de sa section le plus constamment prédominantes.

Dans la combinaison des représentations rudimentaires des deux sexes, chacune d'elles peut devenir apparente ou latente, en entier ou en partie, dans ses deux branches ou dans une seule, et dans les deux sections ou dans une seule d'une même branche.

La partie restée latente dans une combinaison ne cesse pas pour cela d'exister; mais l'évolution en est faible ou imparfaite. Elle peut souvent devenir patente dans le cours de la vie, et elle conserve toujours le pouvoir de se reproduire et de devenir apparente, même après être restée cachée pendant plusieurs générations; il suffit, pour la réapparition de cette partie, que l'évolution n'en soit pas contrariée par celle d'autres parties, soit d'une même souche, soit de souches conjointes. C'est ici une oscillation et un balancement de diverses puissances vitales, qui s'affaiblissent chacune progressivement dans chaque nouveau mélange, et ne s'éteignent qu'après plusieurs générations. Dans cette oscillation et dans ce balancement, une force devient manifeste par ses effets, aussitôt qu'elle n'est plus neutralisée ou contenue par une autre force.

Celle des deux sections d'une branche qui prédomine dans la reproduction appelle à concourir au même acte sa congénère de la même branche, lors même que celle-ci est latente; en sorte que, hors le cas très-rare de l'équilibre dans le même individu, entre les deux sections d'une même vie, chaque sexe concourt à la reproduction spécialement par les deux sections de la même branche, et non par une section de la vie intérieure appartenant à une branche et par une section de la vie extérieure appartenant à l'autre branche, ou par les deux sections, dans chaque vie ou dans une même vie, simultanément et par égale part (41); ou, en d'autres termes, chacun des ascendans combinés dans un sujet est représenté plus ou moins puissamment, mais toujours complétement, dans les formations reproductrices de celui-ci : d'où il suit que les formes sous l'influence desquelles se fait la reproduction doivent rappeler les formes latentes, même sexuelles, avec lesquelles elles ont une étroite connexion, et qui ont autrefois appartenu avec elles à un même tout.

Chaque représentation tend donc à reproduire le sexe de la branche qui a spécialement contribué à la former ; chacun des deux sexes peut donc déterminer la procréation de l'un et de l'autre sexe : et cela me parait une conséquence de la même loi, qui reproduit les formes des aïeux qui ont disparu dans une ou deux générations ; ou en vertu de laquelle un homme qui n'a que cinq doigts à chaque main, parce qu'il ressemble à sa mère qui n'en a que cinq, devient père d'enfans qui en ont six, parce que son père en avait six. Le sexe de sa mère est latent en lui, comme le sixième doigt de son père.

Les animalcules du mâle ne s'unissent point entre eux (a) ; et très-probablement, ce n'est point au hasard et indifféremment qu'ils s'unissent à ceux de la femelle ; car si la queue de l'un correspondait à la tête de l'autre, ils s'entre-

____

(a) Les formes des deux mâles qu'a reçus successivement la même femelle ne sont jamais combinées dans le même produit, si ce n'est peut-être dans les cas de fusion de deux embryons.

détruiraient; et si deux animalcules, formés spécialement sous les influences d'une même vie, se combinaient, il y aurait excès de cette vie et défaut de l'autre, et souvent hermaphroditisme, chez les produits. Il est donc des lois qui président à ces réunions, tâchons de les déterminer; elles doivent être une conséquence ou une suite de celles de l'électricité qui préside à toutes les affinités.

Or, 1°. d'après les découvertes de M. Ampère, deux corps dont les courans électriques ont une même direction s'attirent; ils se repoussent lorsque cette direction est opposée : il n'y a donc, d'après cette loi, de réunion possible entre animalcules que dans un même sens ou sous une même direction.

2°. D'après une autre loi, les attractions électriques ne s'exercent qu'entre deux corps électrisés différemment; car les fluides de nom différent s'attirent, et ceux de même nom se repoussent : il n'y a donc encore de réunion possible qu'entre animalcules hétérogènes et formés sous les influences de deux vies différentes (a). Celui des deux qui a été créé sous

_____

(a) La fécondation est d'autant plus assurée dans une même espèce, qu'il y a plus d'intervalle entre le tempéra-

les influences de la vie intérieure détermine nécessairement le sexe de l'embryon ; l'autre doit en déterminer spécialement les formes extérieures, lorsqu'il y a équilibre des forces du mâle et de la femelle.

Ainsi, les animalcules ne s'unissent qu'autant qu'ils peuvent être le complément l'un de l'autre : aussi voit-on que c'est presque toujours l'ascendant dont la vie intérieure prédomine, qui détermine le sexe du produit. Un mâle fort uni à une femelle faible fait naître beaucoup de mâles, et une femelle forte unie à un mâle faible procrée beaucoup de femelles ; comme aussi c'est l'ascendant dont la vie intérieure prédomine, qui détermine les formes du produit, spécialement sur le sexe différent du sien.

Cependant, il arrive souvent que l'ascendant très-puissant détermine aussi les formes de l'individu auquel il a transmis son sexe. Mais cette double transmission est bien plus fréquente par le fait du père que par celui de la mère ; et elle devient une conséquence de

---

ment ou l'état actuel du mâle et celui de la femelle. En général, les accouplemens consanguins ne réussissent pas, ou réussissent mal.

la connexion des deux vies d'organisation, qui est très-intime, surtout chez les vertébrés, à cause de la complication de leur double système nerveux.

La théorie que je viens d'exposer concilie, si je ne m'abuse, les principales théories.

Hippocrate, et les anciens avec lui, voulaient une puissance procréatrice de chaque sexe, dans la liqueur séminale du mâle et dans celle de la femelle : j'admets dans l'une et dans l'autre les représentations des ascendans paternels et maternels de l'un et de l'autre sexe.

Je reconnais, avec Aristote, l'influence spéciale du mâle sur les formes extérieures des produits.

J'admets, avec les épigénésistes, la combinaison de deux liqueurs séminales, et l'union des formations reproductrices du mâle à celles de la femelle.

Je ne conteste point aux ovaristes l'existence des œufs, ou plutôt des cicatricules, sur les ovaires. Ces germes ou ces sujets cellulaires, destinés à recevoir les greffes nerveuses, sont antérieurs à l'accouplement : ainsi leur préexistence est encore avouée. Quant à leur emboîtement indéfini, comme ils sont les produits de l'assimilation, on peut voir encore ici quelque chose de cet emboîtement, comme on peut voir dans chaque goutte d'eau de la mer quelques molécules provenant de chacune des fontaines qui s'y jettent, ou de chacune des gouttes d'eau pluviale qui se rendent à ces fontaines.

Enfin, avec Harvée, je donne une grande part à l'utérus dans la formation de l'embryon.

CHAPITRE IX.

Application du système sur la génération.

ARTICLE Ier.

Application théorique.

Si la reproduction se faisait, dans chaque sexe, sous l'influence de la vie prédominante d'organisation, il serait possible de calculer, par approximation du moins, la forme qui devrait résulter du concours de deux individus; car la vie extérieure serait transmise exclusivement par le père, et la vie intérieure par la mère. Mais les deux vies concourent à la reproduction dans les deux sexes, et elles n'y concourent ni également, ni sous des rapports constans dans chaque sexe, ni sous les mêmes rapports par les deux sexes ; et cette irrégularité dans les rapports des deux puissances reproductrices est d'autant plus grande et d'autant plus fréquente, que l'animal appartient à une organisation plus élevée ; car un des effets les plus remarquables du perfectionnement est l'organisation de cette puissance d'excitation réciproque qui préside à toutes les associations, et devient, par l'abstraction, le principe de la spontanéité. L'imagination, l'un des grands produits de cette organisation, soit que les sensations la stimulent, soit que les souvenirs l'excitent, agit sur les organes reproducteurs de la vie extérieure, leur donne un surcroît d'activité au préjudice de la vie intérieure (a), et devient ainsi un des agens importans de la force de reproduction.

Cependant, durant les rémittences de l'imagination, la vie intérieure reprend le dessus à son tour ; et de cette lutte ou de cette alternation il résulte que, parmi les formations reproductrices tant du mâle que de la femelle,

---

(a) La somme totale de la puissance d'excitation étant déterminée, elle ne peut être consommée sur un point qu'au préjudice des autres.

auxquelles le concours des deux vies est toujours indispensable, il en est un plus ou moins
grand nombre qui ont reçu les influences spéciales et plus ou moins grandes de la vie extérieure, tandis que les autres ont reçu celles
de la vie intérieure ; une grande variété de
formes doit être le fruit de cette oscillation
des forces vitales.

L'influence générale du mâle sur les formes
extérieures des produits, et celle de la femelle
sur ce qui tient à la vie de nutrition et de végétation, sont des conséquences nécessaires des
rapports généraux de leur organisation ; mais
ces influences peuvent être et sont souvent
modifiées par celles qui résultent accidentelle-
ment des variations des rapports des deux
vies, dans chaque sexe. Le mâle et la femelle,
qui se reproduisent, l'un sous les influences
de la vie intérieure, l'autre sous celles de la vie
extérieure, concourent, l'un et l'autre, à ren-
verser l'ordre ordinaire de la transmission des
formes ; et les résultats de cette concordance
peuvent être tels, que les produits tiennent
spécialement de la mère par la vie extérieure,
et du père par la vie intérieure.

Chaque individu, quel qu'en soit le sexe,
reproduit ses deux vies d'organisation en

même temps ; et dans toute formation reproductrice sont compris, sous une somme variable de forces vitales, les rudimens des
représentations complètes, ou presque complètes, du père et de la mère. Les formes que
l'évolution rend prédominantes deviennent
apparentes, tandis que les autres restent latentes dans les produits ; et les formes sexuelles
même obéissent à cette loi et deviennent
latentes dans les produits de sexe différent.

Parce que la vie extérieure, antagoniste de
la vie intérieure, prédomine dans le mâle et
surtout à l'époque de l'accouplement, il se
reproduit souvent sous les influences de celle-
là, et dans le sommeil ou l'atonie de celle-ci ;
mais si, dans ce cas, sa vie extérieure doit être
bien représentée dans l'ovule, sa vie intérieure
peut y être très-faiblement représentée et ne
pas devenir un obstacle à la prédominance de
celle de la femelle et à la procréation du sexe
féminin.

Si la femelle qui ressemble à son père se
reproduit sous les influences de la vie extérieure, et que la très-grande partie des représentations du mâle soit formée sous celle
de la vie intérieure, le produit sera probablement masculin et semblable à la mère, surtout

14

si la force motrice est plus grande dans la race
de celle-ci que dans celle du père.

Lorsque la section extérieure de la branche
féminine est apparente chez le père, s'il coo-
père à la reproduction sous les influences de
cette vie, c'est-à-dire sous les excitations des
sens et de l'imagination, il y contribue spécialement aussi par la section intérieure, quoique
latente, de la même branche, et il tend lui-même
à produire une femelle qui lui ressemble ; mais
s'il se reproduit sous les influences de la vie
intérieure, ou si la très-grande partie du
sperme a été sécrétée par le seul effet de l'exubérance de la vie, née de l'abondance de la
nourriture prise au sein du repos, et en l'absence de toute excitation des sens et de l'imagination, alors les deux sections de la branche masculine, l'une apparente (l'intérieure),
l'autre latente (l'extérieure), président à la reproduction ; et le mâle tend à former un autre
mâle qui ressemble à l'aïeul paternel et non
au père.

Si cette dernière formation reçoit le sexe
féminin des influences d'une femelle qui ressemble à sa propre mère, et tend par conséquent à procréer des femelles, lors même
qu'elle se reproduit sous les influences de la

vie extérieure, la petite-fille peut ressembler à l'aïeul paternel; et il suffit, pour que cela arrive, que le mâle soit dans une de ces époques de la vie où l'organisation extérieure latente va prédominer à son tour, et le faire passer de la ressemblance avec sa mère à celle avec son père, et que la femelle soit éminemment cellulaire et dans l'apogée de sa vie intérieure.

Si la femelle qui ressemble à son père se reproduit sous les influencesde la vie intérieure, à une époque où la vie extérieure latente est à son apogée ; si, d'ailleurs, le mâle est ressemblant à son père, et se reproduit sous les influences de la vie extérieure, à une époque de prédominance générale de sa vie intérieure, le résultat de l'accouplement peut appartenir au sexe masculin, et ressembler à l'aïeule maternelle (42).

Le mâle qui ressemble à son père, et la femelle qui ressemble à sa mère, tendent à procréer, l'un des mâles, l'autre des femelles, qui ressemblent à l'ascendant du même sexe que le leur.

Le mâle et la femelle, descendant l'un et l'autre d'un même bisaïeul dont les traits sont restés latens, tant en eux-mêmes qu'en leur ascendant immédiat de la même souche, peu-

14.

vent donner naissance à des produits ressemblans au trisaïeul, parce qu'un même type latent reproduit par les deux sexes, quoique faiblement par chacun d'eux, peut prévaloir sur les types qui ne sont reproduits que par un seul, quoique plus parfaitement que le premier; car deux représentations faibles peuvent l'emporter, par leur réunion, sur une plus forte que chacune d'elles.

Si la femelle unipare produit simultanément deux cicatricules égales, qui soient fécondées par des représentations formées sous les mêmes influences; les deux fœtus, étant conçus sous des rapports égaux entre les représentations du père et celles de la mère, doivent être de même sexe et très-ressemblans entre eux : mais si ces représentations ont été formées sous des influences diverses, les jumeaux peuvent ressembler, l'un au père, l'autre à la mère, et appartenir à des sexes différens. Il en est de même, et pour les mêmes causes, des produits des femelles multipares.

Lorsqu'une femelle multipare reçoit plusieurs mâles dans une même période de chaleur, ses différentes cicatricules peuvent rencontrer des animalcules d'origine différente, et leurs divers produits ressembler à des pères différens; mais chacun d'eux ne peut ressembler qu'à un seul père (hors le cas rare de la fusion ou de la pénétration réciproque de deux embryons), parce qu'un seul animalcule a suffi à sa fécondation. Ce phénomène, si aisé à concevoir à l'aide de cette théorie des animalcules, si heureusement renouvelée par MM. Prévôt et Dumas, l'est-il également à l'aide des autres théories ?

Si, au moment de l'accouplement, la femelle éprouve une lésion dans sa moelle épinière, ses représentations ultérieures en sont incomplètes et les produits imparfaits. Ce phénomène devient un argument puissant contre la pré-existence des germes, que toutes mes observations combattent.

Si l'on accouple des animaux de même espèce, on a ordinairement pour résultat un *medium* plus ou moins approximatif de couleur, de forme, de taille ; mais il n'en est pas ainsi de l'accouplement de deux animaux d'espèces différentes : ici comme là, le mâle peut reproduire sa mère et la femelle son père ; mais, dans ce dernier accouplement, les formations rudimentaires du mâle et de la femelle diffèrent plus que dans le premier par les rapports de l'organisation extérieure au tissu cellulaire, et ne peuvent se réunir que par l'intermède de l'organisation intérieure, qui, se pliant à l'action des deux extrêmes, favorise spécialement le développement de la partie la plus puissante de chaque formation, c'est-à-dire de l'organisation extérieure fournie par le mâle, et du tissu cellulaire fourni par la femelle. Le mulet appartient donc, par l'extérieur, à son père, et par la taille, à sa mère; et son sexe, quel qu'il soit, provient toujours de celui de ses deux auteurs, dont l'organisation intérieure prédomine dans l'ovule.

Lorsque les congénères latens des sections apparentes ou prédominantes sont atrophiés, comme dans le mulet, où la vie extérieure du père et la vie intérieure de la mère accablent par leur prédominance, l'une la vie extérieure de la mère, l'autre la vie intérieure du père, il n'y a pas de reproduction possible (43); car nous avons fait naître l'animalcule du concours des deux sections d'une même branche ascendante.

Lorsque la section de la vie extérieure qui est apparente dans le premier âge n'appartient pas au même auteur que le sexe du sujet, elle peut devenir latente, tandis que l'autre devient apparente et prédomine à son tour, à l'époque

où la vie intérieure prévaut sur la vie extérieure, et dispose des formes de l'animal.

La femelle dont le foie est vicié contribue
faiblement à la reproduction de la vie intérieure, et par conséquent à la procréation de
femelles ; celle dont le poumon est affecté
contribue faiblement à la reproduction de la
vie extérieure, et par conséquent à la procréation de mâles.

Le mâle, au contraire, doit procréer peu de
mâles lorsqu'il est affecté au foie, et peu de
femelles lorsqu'il est affecté à la poitrine.
Cette dernière proposition est déduite, non
seulement *à priori*, mais encore *à posteriori*, de
faits observés sur l'espèce humaine.

Si l'on ajoute aux élémens principaux de
reproduction formés par les branches prédominantes ceux qui viennent des branches que
nous avons considérées comme inertes et qui
le sont cependant d'autant moins que la prédominance des autres est moindre, on expliquera tous les phénomènes de la ressemblance
de conformation.

On doit distinguer, dans la couleur, celle
qui appartient aux poils, aux tests, aux écailles,
aux coquilles, et celle qui appartient au duvet :
l'une provient des influences du système d'or-

ganisation à base intérieure, puisqu'elle se retrouve, avec ses teintes variées et brillantes,
chez les animaux qui n'ont qu'un seul système
nerveux ; l'autre se forme sous les influences
du système d'organisation à base extérieure,
ou du tissu réticulaire de la peau. Or, les branches du premier de ces systèmes (a) prédominent chez le mâle, et celles du second (b)
chez la femelle (le grand sympathique prédomine chez la femelle, comme la partie du système artériel affectée à la vie intérieure) ; par
conséquent, la couleur des poils doit être transmise plus sûrement par le mâle que par la
femelle ; et celle du duvet, par la femelle plus
sûrement que par le mâle (la prédominance
des branches entraîne celle des racines). Or,
cela est ainsi en effet, le jeune poulain ressemble plus souvent à la jument qu'à l'étalon
par le duvet qu'il apporte en naissant ; et à
l'étalon qu'à la jument, par le poil qui remplace
le duvet.

Comme la partie intérieure (les racines)
du système nerveux à base interne a, chez le

(a) Les nerfs conducteurs de l'excitation motrice externe.

(b) Les nerfs conducteurs de l'excitation motrice interne,
ou les rameaux du grand sympathique.

mâle, une prédominance relative bien moindre que le système fibreux ou musculaire de la vie extérieure, duquel dépend la forme extérieure (*a*), l'influence du mâle est aussi bien moindre sur la couleur des produits que sur leur forme.

Lorsque le mâle appartient à une race plus fortement organisée que celle de la femelle, sa couleur passe très-souvent sans altération dans ses produits tant masculins que féminins (la couleur de l'âne passe dans les mulets des deux sexes), car la prédominance de son organisation est générale; mais il arrive assez souvent, même en ce cas, que la couleur de la femelle prévaut exclusivement dans quelques produits, tandis que les formes du mâle prédominent dans tous; et ce fait concourt à prouver qu'il y a toujours plus d'équilibre entre les puissances simples de l'organisation qu'entre les résultantes de deux puissances.

De l'observation que, chez les animaux domestiques, la couleur du mâle affecte plus spé-

_____

(*a*) La prédominance du système fibreux de la vie extérieure du mâle naît de la double prédominance des nerfs excitateurs et du sang artériel : l'action de ces deux facteurs est plus puissante que celle d'un seul.

cialement les produits féminins que les produits masculins, et que c'est le contraire de celle de la femelle, je déduis une nouvelle preuve que chaque sexe concourt souvent à la procréation de l'autre sexe.

Les taches ou les couleurs des extrémités sont transmises plus souvent par le mâle que par la femelle, parce qu'elles cèdent aux influences générales de la vie extérieure sur ces parties, et que le mâle transmet d'ailleurs plus sûrement que la femelle la tête et les jambes; mais lorsqu'il vieillit, le phénomène cesse : le mâle décrépit transmet aussi faiblement sa couleur que ses formes.

Les taches du trouc sont sujettes à des aberrations : elles n'affectent pas toujours sur le produit la même place ni la même étendue que sur ses parens; mais on ne remarque ce fait que chez les animaux domestiques et non point chez les animaux sauvages, qui, pendant une longue suite de générations, se reproduisent sur un seul et même type : la tache de la tourterelle ensanglantée affecte toujours le haut de sa poitrine; tandis que, chez les animaux domestiques, les taches du père n'occupent ni la même place ni la même étendue que celles de la mère et de leurs ascendans. Ici, l'animal, ayant plusieurs types à reproduire, ne reproduit chacun d'eux qu'imparfaitement et au travers des nombreuses perturbations qu'ils s'opposent réciproquement. Cependant les extrémités échappent, en partie, aux influences des ascendans par les habitudes propres dont elles sont si souvent l'instrument et le théâtre, et par lesquelles l'individu acquiert la faculté de transmettre presque exclusivement ses formes et ses couleurs.

La longueur des poils est, comme la taille, sous les influences spéciales de la mère; cependant celle des poils à insertion profonde, qui naissent spécialement sur les extrémités, est, comme leur couleur et par la même raison, sous l'influence spéciale du père.

Si deux embryons sont contenus dans de mêmes enveloppes, ils peuvent, dans cet état de rapprochement, se greffer l'un sur l'autre; il peut y avoir fusion, pénétration réciproque; et en ce cas, il y a production d'un monstre par excès : ils peuvent aussi rester séparés; et en ce cas, ou ils viennent à bien tous les deux et il y a production de jumeaux bien conformés, ou l'un d'eux seulement acquiert son parfait développement, tandis que l'autre reste incomplet et devient un monstre par défaut.

Les monstres par excès peuvent vivre et se reproduire, même avec leurs difformités, lorsqu'il y a superposition presque parfaite de leurs rudimens. Il en est de même des monstres par défaut, lorsque la partie arrêtée dans son développement n'est pas essentielle à la vie.

Si de deux cicatricules fécondées et réunies une seule reçoit dans l'utérus les membranes de la vésicule ombilicale et de l'allantoïde, et qu'en se développant elle embrasse l'autre ; celle-ci peut puiser dans l'albumen contenu dans les enveloppes communes les principes nutritifs des nerfs et de la fibre, et devenir un monstre par inclusion, qui, semblable à celui qu'a rencontré M. Dupuytren, n'offre que quelques développemens de la vie extérieure, des organes des sens, un cerveau, une moelle épinière, des nerfs, des muscles, des os, avec absence totale de membranes, d'intestins, de système vasculaire, de tout ce qui appartient en un mot à la vie intérieure.

Les monstres, comme les jumeaux, appartiennent plus souvent au sexe féminin qu'au sexe masculin ; soit parce que l'évolution des organes génitaux est arrêtée aux formes féminines par lesquelles elle passe d'abord dans tous les sujets ; soit parce que ce sont les femelles les plus vigoureuses qui forment des jumeaux et des monstres, et qu'elles doivent par consé-quent procréer plus de femelles que de mâles.

C'est à la fusion de deux embryons qu'on peut rapporter toutes les formations anormales par excès; mais si cette fusion devient complète, il ne doit en résulter aucune difformité. Comment pourrait-on donc s'assurer qu'elle n'existe pas dans un sujet donné, et que la double paternité est impossible? Elle doit être très-rare, il est vrai, parce que la parfaite superposition de deux individus formés sur des types différens n'est possible qu'autant que ces types se res-semblent; mais si elle existe quelquefois, ne serait-ce pas des combinaisons qui en résultent dans un même individu que dérivent les traits de ses descendans, que n'offre pas la souche paternelle à laquelle on le rapporte?

Les monstres, comme l'a judicieusement pensé M. Geoffroy Saint-Hilaire, peuvent for-mer des races ou des espèces particulières. Dans leur reproduction, ils prouvent, plus pé-remptoirement encore que les sujets normaux, que la femelle est représentée dans la généra-tion aussi complétement que le mâle, puisque les monstruosités de l'un sont reproduites presque aussi constamment que celles de l'autre, et qu'on ne peut de bonne foi en méconnaître l'origine.

De l'équilibre entre l'organisation intérieure des deux sexes doit résulter l'égalité numérique des naissances de l'un et de l'autre sexe, qui n'est troublée en faveur des mâles que par la légère prédominance qu'acquiert leur organisation intérieure par ses connexions avec la vie extérieure.

Cette théorie, qui, si je ne m'abuse, n'est qu'une traduction littérale des faits anatomiques physiques et physiologiques, peut devenir utile dans les appareillemens des animaux domestiques, non pour calculer d'avance et avec certitude le résultat de chaque accouplement, qui dépend de circonstances auxquelles le hasard n'est jamais étranger, et qu'on ne peut rendre que plus ou moins probables, mais pour obtenir d'un grand nombre d'accouplemens des produits où le sexe et les formes que l'on désire soient prédominans.

ARTICLE II.

Application pratique.

§ Ier. *Reproduction des formes.*

Dans l'appareillement des animaux, on ne doit pas s'occuper exclusivement des individus;

on doit encore faire attention à leur race, sous le rapport de toutes les qualités qu'on désire reproduire, et de tous les vices que l'on craint; et spécialement à celle de la femelle pour la taille, la fécondité, les formes du tronc et du bassin, pour tout ce qui tient, en un mot, à la vie intérieure ou en reçoit les influences; à celle du mâle pour la force musculaire, les dimensions de la poitrine et la forme de la tête et des membres; à l'une et à l'autre pour le tempérament.

La force motrice ne doit pas prédominer dans la race de la mère, comparée à celle du père. La prédominance, même très-prononcée, de cette force dans la race du père est préférable à son égale répartition entre les deux races (44).

On doit proscrire les étalons issus de races mélangées, à moins que l'époque du mélange ne soit très-éloignée, et que ses résultats féminins n'aient été constamment alliés à des étalons de pure race.

Les tares du corps, ainsi que les vices du caractère, vont très-souvent en empirant; on doit donc les proscrire non-seulement dans la génération actuelle, mais encore dans les générations ascendantes. Les tares héréditaires sont plus à craindre que les tares accidentelles.

On ne peut lutter avec avantage contre les influences de la nourriture, du climat et des habitudes, que par des soins soutenus à les écarter ou à les prévenir, et à ne livrer à la reproduction que les animaux qui ont échappé à toutes celles qui sont défavorables. Le mieux est d'emprunter souvent des étalons aux pays ou aux climats qui donnent les formes que l'on veut propager.

S'il est impossible de prévoir le résultat d'appareillemens où l'un des deux sexes provient d'une longue suite de mélanges, que doit-on attendre de ceux où aucun des deux sexes n'appartient à aucune race?

Cependant, lorsqu'on doit suivre constamment l'amélioration par les mâles d'une même race, il n'est pas mauvais, je dirai même il est bon, que la première femelle employée soit issue d'une longue suite de mélanges, pourvu qu'elle soit exempte de tares, soit patentes, soit latentes, et qu'elle possède une prédominance héréditaire de puissance cellulaire sur la race du mâle. Tout ceci est fondé sur le pouvoir des habitudes, qui disposent des formes et des penchans, et les rendent d'autant plus sûrement héréditaires, qu'elles sont plus anciennes, ou que plus de générations y ont été soumises (45).

Si c'est la pureté d'une race que l'on veut soutenir, c'est sur-tout de celle de la femelle qu'il faut s'assurer; car le tissu cellulaire qu'elle reproduit plus spécialement que le mâle est la base de l'animal et le trône de l'habitude (46).

On doit s'enquérir si l'étalon dont on veut obtenir des produits tient ses plus belles formes de son père, ou s'il les a reçues de sa mère. Dans le premier cas, il les transmettra presque également aux deux sexes; dans le second, aux femelles seulement. On doit faire la même observation sur la femelle : si ses formes proviennent de sa mère, elles passeront indifféremment aux produits masculins ou féminins; tandis qu'elles passeront spécialement aux produits masculins, si elles lui viennent de son père.

§ II. *Procréation des sexes.*

Veut-on des mâles ?

1°. Il faut livrer les femelles à l'étalon immédiatement après le part, et ne pas permettre qu'elles entrent en chaleur en l'absence du mâle, par l'effet d'une nourriture abondante. Il convient qu'elles aient été soumises à plusieurs gestations consécutives, et qu'elles aient allaité leurs produits presque jusqu'à l'époque de la monte ; qu'elles soient épuisées enfin. Il est encore utile à l'objet qu'on se propose, que les femelles n'aient pas atteint ou qu'elles aient dépassé l'époque de leur parfait développement, et qu'elles soient plutôt maigres que grasses. On doit éviter de les bien nourrir à l'époque de la monte, et leur faire prendre de l'exercice. Il faut choisir de préférence des femelles qui aient le front large et qui ressemblent à leur père.

2°. Il importe que l'étalon ait atteint son parfait développement ; qu'il ne soit ni trop jeune ni trop vieux ; qu'il ait le front étroit et les testicules gros relativement à la verge ; qu'il ressemble à son père par les formes et la couleur ; qu'il soit en bel état de santé, et qu'il soit doué d'une grande force musculaire.

Veut-on des femelles ?

1°. Il faut ne livrer les femelles à l'étalon qu'après qu'elles sont bien remises des fatigues de la gestation et de l'allaitement ; leur prodiguer une nourriture rafraîchissante, mucilagineuse si elles sont herbivores ; les priver quelque temps, avant et pendant la monte, de tout exercice qui pourrait les échauffer ou les fatiguer; attendre, avant de les présenter à l'étalon, qu'elles entrent en chaleur par l'effet de leur tempérament et de la nourriture; choisir de préférence celles qui ressemblent à leur mère; qui ont le bassin large et le front étroit; qui ont atteint leur parfait développement; qui ne sont ni trop jeunes ni trop vieilles; qui ont bon appétit, et qui sont en bel état de vigueur et de santé.

2°. Il importe que l'étalon soit ou bien jeune ou déjà vieux; qu'il ressemble à sa mère; qu'il ait le front large, la verge grande relativement aux testicules. Il convient de le prédisposer à la monte par l'exercice et par une nourriture échauffante; qu'il ait déjà sailli une ou deux femelles avant de s'approcher de celle qu'on lui destine; de le tenir quelque temps en présence de celle-ci avant de lui permettre de la saillir, et, mieux encore, en présence d'une autre femelle pour laquelle il aurait de la préférence; d'où il serait ramené au moment convenable vers celle qu'il doit féconder : son ardeur enfin doit être excitée par les sens et non par l'abondance de la nourriture.

Veut-on des femelles en partie du fait de l'étalon et qui lui ressemblent ?

1°. Qu'il soit à peine adulte; qu'il ressemble

à sa mère ; qu'il ait le front large et la verge relativement plus grande que les testicules ; qu'il soit plutôt petit que grand, mais très-vif et très-ardent ; qu'il appartienne à un climat plus chaud que celui de la femelle ; que sa couleur annonce un tempérament bilieux; qu'il ait déjà sailli une ou deux fois; qu'on ne lui permette la monte qu'assez rarement, pour qu'il n'en soit pas fatigué, et qu'il y procède avec ardeur, agilité et prestesse.

2°. Que les femelles soient vieilles et d'un tempérament lymphatique.

Veut-on des mâles en partie du fait des femelles et qui leur ressemblent ?

1°. Qu'elles soient d'un âge inférieur à celui de leur parfait accroissement ; qu'elles ressemblent à leur père; qu'elles aient le front large ; qu'elles soient de petite taille, mais d'une grande force musculaire, et douées d'un tempérament bilieux; qu'elles appartiennent à un climat plus chaud que celui du mâle; qu'elles soient disposées à la monte par l'exercice, par une nourriture échauffante et par les excitations de l'étalon.

2°. Que le mâle soit vieux et de tempérament lymphatique; qu'il ressemble à sa mère, et qu'il soit déjà fatigué de la monte.

Veut-on des mâles du fait de l'étalon et qui lui ressemblent?

1°. Qu'il ressemble lui-même à son père; qu'il soit dans la force de l'âge, gros mangeur, de tempérament sanguin, et en parfait état de vigueur et de santé; que ses organes de reproduction soient grands; qu'il appartienne à une race plus forte que celle de la femelle; qu'il ne soit pas déjà fatigué par la monte, et qu'il y soit prédisposé par des alimens nourrissans et par l'exercice.

2°. Que les femelles soient ou faibles ou vieilles; qu'elles ressemblent à leur mère, et qu'elles soient déjà épuisées par la gestation ou l'allaitement.

Veut-on des femelles du fait des mères et qui leur ressemblent?

1°. Que celles-ci soient dans l'âge de leur parfait accroissement; qu'elles ressemblent à leur mère; qu'elles aient de la taille; qu'elles appartiennent à une race plus forte que celle du mâle; qu'elles ne soient pas fatiguées des gestations précédentes; qu'elles soient en bel état de vigueur et de santé, et prédisposées à la monte par une nourriture abondante et un exercice convenable.

2°. Que le mâle soit vieux; qu'il ressemble

à sa mère; qu'il soit de tempérament lymphatique et déjà fatigué de la monte.

Veut-on composer ses écuries, ses étables et ses bergeries de femelles fécondes et disposées à reproduire des femelles ?

Qu'on en choisisse les sujets des deux sexes parmi les produits de femelles très-fécondes, parvenues à leur parfait développement et douées d'une grande puissance nutritive, et de mâles issus de femelles fécondes.

Veut-on des élèves forts et robustes ?

On doit éviter les unions consanguines; les mères doivent être dans la force de l'âge et douées d'une grande puissance nutritive; il convient, en outre, qu'elles ne soient pas fatiguées des gestations précédentes, et que les mâles possèdent les qualités qu'on veut propager.

Si l'on emploie des étalons phthisiques ou des femelles de tempérament très-bilieux, on aura plus de mâles que de femelles; si c'est au contraire l'étalon qui est très-bilieux et la femelle phthisique, on aura plus de femelles que de mâles; dans tous les cas, on doit s'attendre à voir reparaître dans le descendant les vices internes de l'ascendant.

NOTES.

Note (1).

Du fait observé que l'embryon, quel qu'en doive être le sexe, reçoit d'abord dans son évolution les formes féminines avant d'arriver aux formes masculines, on pourrait déduire, et quelques physiologistes déduisent en effet, que le sexe est déterminé par la nourriture que prend l'embryon, soit dans l'œuf, soit dans l'utérus, et qu'il devient mâle si cette nourriture est suffisante ou forte, ou qu'il reste femelle si elle est insuffisante ou faible. Mais cette déduction est combattue par les faits suivans :

1°. Des œufs les plus petits, ou des mères les plus faibles et les plus mal nourries, naissent souvent plus de mâles que de femelles.

2°. Dans le premier âge, il périt bien plus de mâles que de femelles, parce que, parmi les mâles, il y a réellement à cette époque bien plus de sujets faibles que parmi les femelles : le sexe masculin, je m'en suis assuré par un grand nombre d'observations sur les animaux domestiques, s'éloigne bien plus souvent de la force moyenne que le sexe féminin ; c'est dans le premier que l'on trouve le plus de sujets au-dessus et au-dessous de cette moyenne.

3°. Si la nourriture déterminait le sexe de l'embryon, les mères bien nourries ne produiraient presque que des mâles, et celles qui seraient mal nourries ne feraient presque que des femelles : or, c'est plutôt le contraire qui arrive.

4°. Si c'est le sperme que l'on considère comme la nourriture de l'embryon, comment se fait-il que le mâle est si souvent, en naissant, plus faible que la femelle, lui qui a reçu plus que celle-ci de cette nourriture forte ? Comment se fait-il que la femelle ressemble spécialement au père et le mâle à la mère ?

5°. Si la femelle qui a atteint son parfait développement est livrée à un très-jeune étalon bien vigoureux d'ailleurs, elle fera probablement une femelle qui ressemblera à l'étalon. Si une très-jeune femelle, bien développée pour son âge, est livrée à un vieil étalon bien nourri, elle fera probablement un mâle qui ressemblera à la mère ; et ces résultats ne changeront point, quelle que soit la nourriture que reçoive celle-ci après l'accouplement.

De ce que l'embryon reçoit d'abord les formes féminines, on peut déduire que le sexe féminin est plus ancien et plus constant dans le règne animal que le sexe masculin. L'embryon masculin passe par les formes sexuelles de la femelle, parce qu'il passe successivement par toutes celles que le perfectionnement a successivement déterminées, avant d'arriver à celle à laquelle il est appelé : mais, de même que le défaut de nourriture, lorsqu'elle est suffisante pour rendre viable l'embryon, ne l'empêche jamais de recevoir enfin les formes de son espèce ; de même aussi il ne l'empêcherait pas de recevoir toujours les formes masculines, si celles-ci étaient le terme naturel de son évolution.

Note (2).

On ne connaît jusqu'ici du principe sentant que sa faculté de sentir ; on peut encore juger qu'il est ou multiple ou étendu, parce qu'on sent sur plusieurs points différens : il serait bien difficile de se persuader que la capacité de sentir est aussi grande chez un ciron que chez un éléphant. Mais on ne serait pas autorisé à affirmer qu'il est encore composé, parce qu'il sent de différentes manières : car rien ne prouve qu'un être simple ou formé d'une seule et même substance ne puisse pas avoir des relations spéciales avec plusieurs substances différentes. On ne sera jamais fondé à dire qu'un être qui tombe sous les sens est doué de la propriété de sentir ; car la sensation est toujours produite dans un être différent du corps qui l'excite, et par conséquent de tout ce qui tombe sous les sens.

L'âme, si je ne me trompe, se fixe dans les animaux par l'intermède d'autres principes libres ou presque libres de toute combinaison, et à l'aide desquels elle a, avec tous les corps, des rapports exprimés par des sensations.

Je dirai au lecteur, en terminant cette note :

> . . . . . *Si quid novisti rectius istis,*
> *Candidus imperti ; si non, his utere mecum.*

Si l'on veut consulter les divers sentimens des philosophes anciens et modernes sur la nature de l'âme, ils sont dispersés dans Cicéron, *Tuscul., Quæst., lib. I;* Montaigne, *Essais,* liv. II, chap. XII; Voltaire, *Questions sur l'Encyclopédie;* Barthelemy, *Voyages du jeune Anacharsis;* Barthez, *Nouveaux Élémens de la science de l'homme;* Condillac, *Traité des systèmes et Cours d'études;* M. Degérando, *Histoire comparée des systèmes de philosophie;* les *Dictionnaires encyclopédiques,* etc., etc.

Note (3).

Quelques personnes pensent que nos yeux palpent la lumière, nos oreilles le son, etc., et ne voient dans nos diverses facultés sensitives que des transformations de la sensibilité tactile. Mais nos sens réclament de cette confusion de leurs facultés. Les diverses causes de nos sensations sont essentiellement différentes, puisqu'elles produisent des effets de nature différente. Voir n'est pas entendre, odorer ou goûter; et personne ne croira que l'une de ces facultés soit un augmentatif ou un diminutif de l'une des autres. Mes sensations suffisent à me prouver que les principes ou les causes de la lumière, du son, de l'odeur ou de la saveur, ont chacun avec l'âme des rapports spéciaux dont elles sont l'expression. Ces principes ou ces stimulans agissent vainement sur l'organe ou sur le point de l'organe qu'ils ont déjà fortement et récemment excité; et j'en conclus qu'ils n'ont pas des relations immédiates avec mon âme, et qu'il y a entre elle et chacun d'eux un intermédiaire épuisable. Cet intermédiaire, je l'appelle *esprit,* parce que l'acception de ce mot ne s'éloigne guère du sens que je veux lui donner. Je l'avais d'abord appelé *principe vital;* mais on m'a fait observer que cette expression, ayant été déjà employée par une École célèbre pour signifier le principe sentant lui-même, pourrait devenir amphibologique.

Note (4).

La plupart des nerfs n'ayant de communication entre eux que par l'intermède de leurs nœuds ou des organes de l'association, l'incitant d'un nerf ne pourrait passer dans un autre qu'autant qu'il y serait envoyé par ces organes ; mais le fluide qui a une pareille direction a les caractères de l'excitation et non ceux de l'incitation. Les excitans, au contraire, partant d'un centre commun, peuvent rayonner dans tous les sens, obéir à toutes les associations, et s'épuiser sur un point au préjudice de tous les autres.

Si, après avoir long-temps fixé mes regards sur ma croisée, je ferme les yeux, l'image de la croisée continue de me frapper; mais les vitres en sont obscures et les barreaux lumineux, parce qu'il y a épuisement de l'esprit de la vue dans les nerfs qui ont reçu d'abord l'image des vitres, et accumulation dans ceux sur lesquels se sont peints les barreaux : d'où il suit que l'excitation interne ne peut presque rien sur les premiers lorsque les yeux sont fermés, tandis qu'elle agit puissamment sur les seconds.

Nous ne pouvons tenir long-temps l'attention sur un même organe, parce que l'esprit s'y épuise et n'y appelle plus, ou que très-faiblement, l'excitation réciproque. Cependant l'attention pour une même sensation peut être d'autant plus prolongée, que cette sensation est plus légère, parce que l'épuisement de toute force sensitive est proportionné à la dépense de l'excitation employée.

On trouve dans la *Zoonomie* de Darwin plusieurs phénomènes dont cette théorie, qui lui appartient plus qu'à moi, donne la solution.

On m'a fait l'observation que l'aveugle entend mieux que

le clairvoyant, et que le sourd voit mieux que celui qui a
de bonnes oreilles : d'où l'on a conclu que la sensibilité
peut se déplacer et passer d'un nerf dans un autre. Mais
on n'a pas fait attention à la cause de ce déplacement :
il doit être rapporté, dans ces deux cas, à celui de la puissance mobile d'excitation, qui, chez l'aveugle, se concentre dans l'organe de l'ouïe, et chez le sourd dans celui
de la vue, où elle attire l'incitation et par suite l'esprit
affectés à chacun de ces organes, dont elle accroît ainsi la
capacité et la finesse.

Tous les nerfs seraient peut-être susceptibles de toutes
les sensations s'ils y étaient prédisposés par l'organisation :
c'est-à-dire si l'organisation accumulait à leur extrémité
périphérique l'esprit de quelque ce soit des facultés sensitives ; si elle formait à cette extrémité un appareil con-
densateur ou collecteur du stimulant extérieur de cette
faculté, et si des nerfs susceptibles d'en exciter les modifications se rendaient dans cet appareil : ainsi, le nerf optique pourrait entendre dans l'oreille et l'acoustique voir
dans l'œil, si l'organisation les y appelait ; mais, en affec-
tant spécialement un nerf à une seule classe de sensations,
l'organisation, secondée par son puissant auxiliaire l'habitude, lui en donne la capacité exclusive et le rend inapte
aux autres sensations. J'ajoute donc peu de foi aux mer-
veilles sur le déplacement de la sensibilité, quelle que soit
mon estime pour les personnes qui les rapportent.

Dans chaque sens, chaque filet sensitif est susceptible de
recevoir toutes les modifications que peuvent exciter les
nombreuses variétés d'un même stimulant : doit-on en conclure que l'esprit se divise en autant de variétés que ce stimulant ? Cette supposition rendrait le phénomène encore

plus difficile à résoudre, puisqu'il faudrait supposer aussi que chacune de ces variétés s'offre à l'extrémité du nerf au moment qu'il est excité par une variété analogue du stimulant, hypothèse qui deviendrait absurde, tandis qu'il en est une autre bien plus simple et qui simplifie tout. Je vois, dans l'esprit d'un même ordre de sensations, une substance qui a des rapports avec la base des stimulans externes de ces mêmes sensations ; ainsi, l'esprit de la vue a des rapports avec la lumière, base commune de toutes les couleurs ; je suppose qu'il afflue à l'extrémité des nerfs sensitifs de l'organe qu'il affecte, d'où il est dégagé en quantité variable dans leurs diverses modifications. Cela posé, si la couleur rouge a plus d'action sur l'incitant de la vue que la couleur bleue, elle le dégage, du nerf de la vision, en plus grande quantité que celle-ci : des quantités proportionnelles de l'esprit sont entraînées, et l'âme éprouve deux sensations différentes. Si mes deux yeux, ou deux filets nerveux du même œil, sont exposés, l'un à l'action du rayon rouge, l'autre à celle du rayon bleu, l'esprit du premier est plutôt épuisé que celui du second ; et l'un cesse de voir, tandis que l'autre voit encore, etc. Les diverses couleurs d'un même objet produisent une sensation complexe ; car, par l'entremise de l'incitant, chacune d'elles dégage des extrémités nerveuses qu'elle affecte une somme spéciale d'esprit.

On voit les objets teints en rouge, des incendies apparaissent en songe, dans les maladies inflammatoires.

J'ai essayé de regarder le soleil à l'aide d'une longue vue : l'œil soumis à l'expérience a été privé de sa faculté, pendant quelques instans, après cette violente excitation ; et au fur et à mesure qu'il l'a recouvrée, les objets m'ont paru teints successivement en violet, en bleu, en vert, en jaune, etc.

Ces faits s'expliquent facilement par ma théorie, si je ne m'abuse. L'effet doit être le même, soit qu'il y ait accumulation de l'esprit et excitation légère, soit qu'il y ait épuisement et excitation forte. Les sensations d'un même organe ne diffèrent entre elles que de deux manières, par leur intensité ou par leur nature ; elles sont d'autant plus intenses, que le stimulant est plus abondant, plus condensé, et qu'il excite un plus grand nombre de points nerveux ; elles changent de nature lorsqu'elles sont excitées par des stimulans de puissance ou de nature différente. La sensation du rouge diffère de celle du bleu, parce que le rayon rouge et le rayon bleu, n'ayant pas le même rapport avec l'incitant, ne le dégagent pas en égale quantité des nerfs sur lesquels ils tombent. On est disposé à voir en rouge ou en bleu, suivant que les nerfs de la vision sont pourvus d'une plus ou moins grande quantité d'esprit et d'incitant. Sont-ils saturés de ces principes ? Le rayon bleu peut en dégager autant qu'en dégagerait le rayon rouge sous un état d'épuisement.

Cette théorie peut s'appliquer à l'apparente décomposition de la lumière, observée par Benedict Prévôt, dans une expérience rapportée dans la *Bibliothèque universelle*. (Juillet 1827.)

Note (5).

Il n'est peut-être pas inutile de dire que les expressions *écoulement*, *dégagement* des esprits, deviennent ici synonymes de neutralisation. Je suis même très-disposé à croire que la combinaison chimique des trois facteurs matériels de la sensation, dans laquelle l'esprit est dégagé des liens qui l'unissaient à l'âme, influe sur la nature de la sensation, et cette manière de concevoir les phénomènes sensitifs en expliquerait les variations, bien mieux que l'hypothèse dans laquelle on les rapporterait exclusivement à la perte de l'esprit; elle donnerait surtout la solution de ce fait devenu incontestable, que les mêmes stimulans ne produisent pas les mêmes impressions sur tous les sujets, et que la même couleur, la même saveur, la même odeur, qui déterminent des sensations agréables ou vives chez tel sujet, en produisent de désagréables, ou de presque nulles, chez tel autre. Le rouge qui, pour le commun des hommes, est une couleur brillante, est pour moi une couleur sombre, qui me frappe bien moins que le jaune ou le bleu. J'appartiens, sous ce rapport, à la classe nombreuse des Daltoniens.

Note (6).

Je tiens d'un artiste célèbre que plusieurs peintres de sa connaissance, menacés de phthisie, ont le regard perçant. Dans les derniers périodes de cette maladie, le globe de l'œil devient petit et presque inanimé, tant chez les hommes que chez les animaux.

Note (7).

Le volume du gaz acide carbonique qui se forme dans la respiration est le même que celui du gaz oxigène absorbé : d'où les chimistes concluent que cet oxigène se porte tout entier sur une partie du carbone du sang (chimie de M. Thénard). Il paraîtrait, d'après cela, que l'eau expirée ne peut provenir que de la transpiration pulmonaire.

M. Cuvier, cependant, ne partage pas ce sentiment.
« Les animaux, dit-il, ont de plus que les végétaux, pour
» nourriture médiate ou immédiate, le composé végétal,
» où l'hydrogène et le carbone entrent comme parties prin-
» cipales; il faut, pour les ramener à leur composition
» propre, qu'ils se débarrassent de leur trop d'hydrogène,
» sur-tout du trop de carbone, et qu'ils accumulent da-
» vantage d'azote; c'est ce qu'ils font dans la respiration,
» par le moyen de l'oxigène de l'atmosphère qui se combine
» avec l'hydrogène et le carbone de leur sang, et s'exhale
» en eux sous forme d'eau et d'acide carbonique. » (*Règne
animal,* Introduction.)

Il ne m'appartient pas de prononcer entre de si grandes
autorités; cependant, si, comme c'est très-probable, le
sang veineux se dépouille, dans la respiration, d'une partie
de son hydrogène, que devient ce dernier corps s'il n'y a
point d'eau formée? Une partie du fluide électrique positif
qui abandonne l'oxigène atmosphérique ne ferait-elle point
passer à l'état gazeux l'oxigène d'un des principes du sang,
et ne serait-ce point cet oxigène qui s'unirait, tout ou en
partie, au carbone pour former le gaz carbonique, tandis
que l'oxigène atmosphérique s'unirait, tout ou en partie,
avec l'hydrogène pour former de l'eau?

Note (8).

Il ne faut pas confondre l'aptitude à sentir avec la capacité de sentir, comme l'on ne doit pas confondre l'irrita-
bilité avec la puissance motrice. Un organe est délicat
lorsque la plus légère excitation y détermine des sensations;
il est doué d'une grande capacité sensitive lorsqu'il est

susceptible de sensations nombreuses variées et long-temps soutenues, sous l'influence de l'attention. Ainsi le chien n'a peut-être pas l'oreille aussi fine que l'oie ; mais il est peut-être doué d'une plus grande capacité d'audition. C'est spécialement par l'attention que les nerfs acquièrent du volume, en même temps que de la capacité de sensation. Aucun animal, peut-être, n'a le nerf auditif proportionnellement aussi gros que la taupe (0^m,00120), ou que le roitelet (0^m,00050), ni le nerf optique aussi gros que l'aigle (0^m,00420) : aucun aussi n'a plus de besoin d'entendre que ceux-là, et de voir que celui-ci.

Il est des animaux qui réunissent la finesse d'un organe à sa capacité sensitive : tels sont ceux chez lesquels la nature concourt avec les besoins au perfectionnement du même organe ; tels sont le chien et la taupe, pour l'ouïe, et l'aigle pour la vue.

A quelle autre circonstance que celle de l'attention pourrait-on rapporter la grande prédominance du nerf olfactif du chien (0^m,00700) sur celui du renard (0^m,00300), tandis que le nerf optique est d'égale grosseur (0^m,00200) chez ces deux animaux (M. Serres), que Buffon a considérés comme appartenant, dans le principe, à une même espèce ?

Note (9).

« Le cérumen des oreilles, ainsi nommé à cause de la
» consistance de cire molle qu'il a communément, attirait
» beaucoup plus l'attention des anciens médecins qu'il ne
» le fait de ceux de notre siècle. Les écoles anciennes,
» comme l'a remarqué Bordeu, *faisaient purger la vésicule*
» *du fiel par ce suc des oreilles :* Hippocrate s'occupait

» avec soin de sa considération dans les maladies, et il en
» comparait la production avec l'écoulement de la bile ;
» les modernes ont tout-à-fait négligé ce genre d'obser-
» vation, et il semble qu'on ait oublié, de nos jours, *l'ana-*
» *logie qui existe* entre cette humeur et celle que le foie
» sépare : le cérumen a cependant des propriétés si remar-
» quables, si différentes de celles de la plupart des autres
» liquides animaux, que j'ai cru devoir en faire un article
» particulier ; ce qui n'est pas frappant pour tout le monde
» en ce moment pourra le devenir par la suite. . . . . »

D'après l'analyse qui en a été faite par M. Vauquelin,
« le cérumen des oreilles est un composé de trois substances.
» 1°. une huile graisseuse, *plus analogue à celle qui est*
» *contenue dans la bile qu'à toute autre matière adipeuse*
» *animale;* 2°. un mucilage animal albumineux ; 3°. une
» substance colorante qui semble aussi se rapprocher de
» celle qui fait partie de la bile, par sa saveur amère et par
» son adhérence à la matière grasse. »

Fourcroy, *Système des connaissances chimiques,* t. IX,
page 370 et suivantes.

NOTE (10).

Le cuivre est un des métaux qui ont le plus d'affinité avec
l'électrique résineux, qui va être considéré comme incitant
de l'odorat.

NOTE (11).

L'un des meilleurs moyens employés par les chimistes
pour se procurer de la salive consiste à faire jeûner un
chien ; à lui mettre un bâillon dans la gueule ; à l'appro-

cher de viande rôtie et encore fumante : tout-à-coup les glandes salivaires sont excitées ; elles se gonflent et sécrè- tent tant de salive, que celle-ci forme pendant un certain temps un filet presque continu. (*Chimie de M. Thénard.*)

On trouvera une certaine concordance entre mes idées sur les esprits et celles des anciens philosophes, qui préten- daient que *le semblable seul peut agir sur le semblable;* que nous voyons la terre avec la terre, l'eau avec l'eau, l'éther divin avec l'éther, le feu lumineux avec le feu.

Note (12).

Ce que je dis ici n'est pas en opposition avec ce que j'ai dit précédemment ; car je considère les nerfs qui naissent dans les viscères comme pouvant se continuer dans ceux qui naissent dans les sens. Les émotions sentimentales que pro- duit souvent une belle musique, les nausées que détermi- nent certaines odeurs, me semblent autoriser cette sup- position.

Tous les nerfs des viscères, soit thoraciques, soit abdo- minaux, peuvent communiquer avec la cinquième paire, qui distribue des nerfs aux quatre sens.

Note (13).

Si, comme il n'est plus permis d'en douter, les nerfs sont autant de conducteurs de fluides électriques, ils doivent, d'après la loi découverte par M. Ampère, converger vers des faisceaux communs. N'est-ce pas une raison à ajouter à celles de M. Serres, pour croire avec lui que les nerfs se dirigent de la périphérie vers l'axe général ?

16.

Note (14).

Il nous semble digne d'être observé que, vers les points de la vie intérieure soumis à l'action continue d'un seul et même stimulus, il n'y a presque qu'une sorte de nerfs qui appartiennent au grand sympathique si ce stimulus est hydrogéné ; comme sur les artères rénale et hépatique, dont les plexus ne reçoivent que quelques filets de la paire vague, tandis qu'ils appartiennent à la paire vague si le stimulus est oxigéné ; comme dans le plexus pulmonaire, qui ne reçoit que quelques filets du sympathique ; et que ces deux nerfs distribuent un nombre à peu près égal de filets aux parties où l'équilibre entre l'oxigénation et l'hydrogénation, ou plutôt entre la distribution des deux fluides électriques, est plus parfait, comme dans les plexus cardiaque et solaire.

Note (15).

L'excitation des alimens convertit l'appareil qui doit les décomposer en pile électro-vitale, dont les élémens sont les diverses liqueurs que fournissent les glandes salivaires, le pancréas, le foie.

Note (16).

L'organisation s'est élevée, ou a pu s'élever, sur des plans différens, suivant que la surface inférieure des infusoires, devenue intérieure en s'appliquant sur les corps solides et les embrassant, a pris une forme de bourse ou de sac à une seule ouverture, ou une forme tubulée à deux ouvertures opposées. Les polypes et plusieurs rayonnés appartiennent

(245)

au premier plan, qui ne se prête pas à de grands perfectionnemens ; le reste du règne animal appartient au second.

Note (17).

Où le sang s'est séparé de la lymphe et dont les veines ne
se confondent pas avec les vaisseaux lymphatiques.

La double organisation nerveuse est accompagnée d'une
double organisation vasculaire : on ne trouve point de vaisseaux lymphatiques, ou peut-être de véritables veines,
chez les invertébrés.

Note (18).

La position du sens du goût détermine ultérieurement
la situation des autres sens : celle de la vue, par la nécessité
d'exposer spécialement à la lumière la partie du corps qui
s'élève pour saisir ou recevoir les alimens ; celle de l'odorat
et, par suite, celle du conduit de l'air, véhicule des odeurs,
vers le point où les principes odorans concentrés dans les
alimens appellent la faculté d'odorer; et celle de l'ouïe, vers
le passage de l'air, cause ou véhicule, ou excipient du son.

Note (19).

D'après les observations de Charles Bell sur le nerf facial, ce nerf appartiendrait au système moteur externe.
Il y a, en effet, des rapports très-remarquables entre la
huitième paire et la portion dure de la septième : leur proxi-
mité et la correspondance de leur insertion sur le trajet de
la moelle alongée ; la concordance de leur développement
et de leurs fonctions, annoncent une dépendance réciproque.

Il y a, si je ne me trompe, une semblable connexion entre le grand sympathique et la partie tactile de la cinquième paire.

Note (20).

Les connexions des nerfs sensitifs avec les nerfs excitateurs sont analogues à celle des racines des plantes avec leurs branches.

Note (21).

Chez les vertébrés, chaque organe reçoit plus d'une sorte de nerfs : les belles expériences de M. Magendie prouvent que les sens perdent leur faculté spéciale par la section de la cinquième paire, tout aussi sûrement que par celle des nerfs, auxquels on attribue communément cette faculté, et qui n'en sont peut-être que les excitateurs.

M. Serres rapporte la vision de la taupe, de la musaraigne, etc., à une branche du trijumeau (a), et il compare l'œil des vertébrés à celui des animaux articulés. L'organe de la vision de la taupe, de la musaraigne, etc., et probablement aussi celui de l'odorat des cétacées, ne seraient donc pas formés sous les influences de la double organisation.

M. Cuvier nous fait observer que le système nerveux de la sèche se rapproche de celui des mammifères. Ne serait-ce pas aux rudimens de l'organisation à base extérieure, qui se montrent chez les mollusques céphalopodes, que la sèche devrait ce perfectionnement de son système nerveux, et

______

(a) M. Geoffroy Saint-Hilaire accorde un véritable nerf optique à la taupe. D'après ce savant zoologiste, ce nerf a été détourné de se rendre au cerveau, par le développement extraordinaire de l'olfaction.

sur-tout celui de l'œil, qui est en elle si éloigné de celui des crustacées et des insectes, et si voisin de celui des
vertébrés ?

Note (22).

Cette circulation des fluides électriques, si nécessaire à
l'intelligence de l'action nerveuse, est aujourd'hui tellement indiquée par les expériences des physiologistes, qu'on
ne peut en contester que le mode : pour le déterminer, j'ai
consulté les phénomènes psychologiques et les expériences
galvaniques ou voltaïques ; on ne peut que juger *à priori*
de ce qui ne tombe pas sous les sens.

Note (23).

Dans les plus basses classes des vertébrés, les tubercules
quadrijuméaux prédominent sur le cerveau et sur le cervelet, d'autant plus que l'empire du besoin prédomine davantage sur la spontanéité, la réalité sur la représentation,
et l'instinct sur l'intelligence.

Lorsque l'animal est incité uniquement par ses besoins,
le point vers lequel convergent les nerfs conducteurs de
cette incitation devient le foyer des associations, et les tubercules quadrijumeaux se forment à l'extrémité des faisceaux moyens de la moelle alongée, qui reçoivent le pneumo-
gastrique et les nerfs des sens réunis dans le trijumeau. Ces
tubercules communiquent encore, soit immédiatement, soit
médiatement, avec les faisceaux qui transmettent les incitations tactiles ou les excitations motrices.

A mesure que se perfectionne et se multiplie la représentation des sensations par des signes, l'attention se déplace ;

elle abandonne le foyer des besoins immédiats pour se fixer sur les faisceaux auxquels aboutissent les nerfs employés dans les signes. Mais pour l'être qui produit le signe, il est autant dans la sensation que dans l'action : c'est donc sur les faisceaux conducteurs de l'excitation motrice et sur ceux qui transmettent l'incitation tactile, que se forment à-la-fois les deux foyers d'association qui doivent leur naissance à la création des signes ; c'est là que croissent et se développent deux organes, le cerveau et le cervelet, destinés à tous les échanges d'excitation ou d'incitation, et dont nous allons faire en sorte de déterminer les attributions particulières.

La suppression du cerveau est suivie du défaut absolu d'excitation et d'un sommeil parfait et perpétuel. L'animal réduit à cet état cesse de vouloir : celui qu'on a privé du cervelet est, au contraire, doué d'une activité ou d'une force d'excitation surnaturelle ; mais ses mouvemens sont désordonnés comme dans l'ivresse. (Voyez les expériences de M. Flourens et mes observations sur le tournis des agneaux, publiées dans la *Feuille villageoise de l'Aveyron.*) (*a*)

J'ai déduit de ces faits que le cerveau est l'organe de l'excitation volontaire ; mais je n'ai pas compris d'abord pourquoi la lésion du cervelet était suivie du désordre des mouvemens. J'ai trouvé une sorte de contradiction à supposer que ce désordre dût être rapporté à l'organe qui

---

(*a*) Pendant que de célèbres physiologistes questionnaient la nature, je l'observais, et nous arrivions simultanément à des résultats analogues. L'agneau dont le tænia a rongé le cerveau cesse de vouloir suivre ; celui dont il a rongé le cervelet veut, mais ne peut pas suivre.

est l'instrument de la volonté, de laquelle naissent les déterminations coordonnées, et que les mouvemens dussent leur coordination à celui qui est étranger à la détermination dont ils sont le produit.

Le cervelet peut être une cause occasionelle de la liaison ou de l'enchaînement des mouvemens, et c'est sans doute en ce sens que l'on doit prendre la solution proposée par M. Flourens, mais il ne saurait en être la cause efficiente ; et les rapports de cette cause avec cet effet ont été pour moi l'objet de recherches dont les résultats sont devenus le sujet d'un Mémoire que j'ai présenté à l'Académie royale des sciences, et vont être celui de la très-grande partie de cette note.

Les nerfs excitateurs du mouvement se rendent, d'après les belles expériences de M. Magendie, dans les cordons antérieurs de la moelle épinière qui se dirigent vers le cerveau. C'est aussi dans les cordons antérieurs de la moelle alongée que se rendent le nerf facial, qui, d'après les observations de Charles Bell, distribue l'excitation à la face, les hyppoglosses qui excitent les sensations du goût, les sixième et troisième paires qui commandent aux divers mouvemens des yeux. C'est encore avec le cerveau que communiquent les nerfs olfactif et optique, qu'on peut considérer, d'après les découvertes de M. Magendie, comme destinés à l'excitation et non aux sensations mêmes de l'odorat et de la vue.

Les nerfs sensitifs tactiles se rendent, au contraire, dans les cordons postérieurs de la moelle épinière ou de la moelle alongée (M. Magendie), qui se dirigent vers le cervelet ; et il ne paraît point que le cervelet ait de communication immédiate avec les nerfs excitateurs du mouvement volontaire, si ce n'est par la protubérance annulaire, qui n'est qu'un appendice, un prolongement de cet organe, et qui n'existe même pas dans les basses classes des vertébrés.

Le grand sympathique communique avec la cinquième paire (*a*), qui se rend vers le cervelet; il communique aussi avec les faisceaux postérieurs de la moelle épinière, et par conséquent avec les nerfs sensitifs tactiles et avec le cervelet, par l'entremise des ganglions intervertébraux. Il y a des rapports de développement entre le cervelet et les organes principaux de la vie intérieure.

Ces premiers faits anatomiques ne nous induisent-ils pas à rapporter tous les mouvemens volontaires à l'activité du cerveau, et toutes les sensations reproduites en l'absence de leur cause première à celle du cervelet (*b*)? Mais poursuivons.

Dans l'hémiplégie occasionée par une lésion du cerveau, la volonté existe encore, mais elle ne peut déterminer aucun mouvement dans le membre paralysé; elle n'a donc d'autre instrument que le cerveau de son action sur ce membre : elle recouvre, en effet, sa puissance par la cicatrisation de la plaie cérébrale. (*Anatomie comparée du cerveau*, par *M. Serres*, tome 2, page 705 et suivantes.)

Dans les songes du sommeil ordinaire, nous désirons inutilement de nous mouvoir : donc le cerveau est endormi.

(*a*) D'après les expériences de M. Magendie, la section de la cinquième paire est suivie de la perte de la vue, de l'odorat et du goût.

(*b*) Plusieurs physiologistes (MM. Foville, Pinel-Grandchamp, Dugès) ont considéré le cervelet comme le centre de la sensibilité, et le cerveau comme celui des mouvemens volontaires.

Nous reproduisons les sensations que nous rapportons aux organes des sens ; elles sont associées avec l'état actuel de la vie intérieure ; elles sont agréables ou désagréables , suivant que les fonctions des organes de cette vie sont libres ou gênées ; elles sont analogues à celles qui, pendant la veille, déterminent des états analogues dans ces mêmes organes ; souvent elles sont associées encore avec l'état actuel de la sensibilité tactile. Cependant une sensation ne peut être reproduite que dans et par les nerfs où elle a déjà existé (a) : or , ces nerfs se rendent dans le cervelet, donc le cervelet est éveillé. En effet , il n'est personne qui ne puisse avoir observé que les songes sont très-variés , deviennent voluptueux et que l'illusion en est presque parfaite lorsque la partie postérieure de la tête qui correspond au cervelet est ou échauffée , ou légèrement comprimée. C'est cependant en vain que dans les songes l'on désire de se mouvoir, afin d'échapper aux divers dangers dont on se croit menacé ; donc le cervelet est sans action sur les organes du mouvement volontaire.

Dans le somnambulisme , nous ne voyons , nous n'en-

(a) Nous avons des sensations aux surfaces intérieure et extérieure , et des idées (modifications occasionées par les sensations) dans les organes cérébraux.

C'est contre le témoignage des sens qu'on a rapporté leurs modifications au cerveau. Cet organe est averti des sensations ; il leur donne une attention volontaire, qui en devient un des facteurs ; il les perçoit, il est incité par elles ; mais il n'en est pas le siége et ne les sent pas réellement. Personne ne s'avise de se plaindre de douleur à la tête , pour exprimer celle qu'un panaris détermine dans un doigt. On croit sentir de la douleur dans une jambe qu'on a perdue, parce que le siége de la sensation est toujours à l'extrémité des nerfs qui se rendaient dans cette jambe.

tendons, nous ne sentons que ce qui est l'objet de notre rêverie ; nous heurtons contre les corps récemment placés sur nos pas, tandis que nous marchons, sans la moindre crainte, sur les bords d'un précipice, ou sur un toit ; nous ne vivons que dans l'enchaînement de nos idées ; aucun sentiment ne les trouble, ni ne porte le désordre dans nos mouvemens ; nous excitons nos sensations, mais nous ne sommes pas incités par elles, et n'en conservons aucun souvenir. Le cervelet, dans lequel toutes les sensations s'associent et qui reproduit celle des songes, ne prend donc aucune part à celles-ci ; il est donc endormi. Cependant les mouvemens sont parfaitement déterminés, liés, coordonnés ; ils ont même plus de précision, plus d'assurance que dans la veille.

A quelle cause, me dira-t-on, doit-on donc rapporter ce défaut d'ensemble des mouvemens qui suit l'ablation du cervelet ?

Au défaut de conscience de ces mouvemens et à l'habitude des actions qu'il détermine. Si je me sers d'une jambe engourdie, je n'en sens pas les mouvemens, et la crainte de tomber me porte à m'aider de mes mains. Si celles-ci étaient aussi engourdies, je ferais en sorte de me laisser tomber doucement, de peur d'une chute prompte et dangereuse ; et si, étant tombé, je ne sentais pas la pression du sol sur la partie de mon corps qui le toucherait, je me retournerais d'un autre côté, j'emploierais successivement mes bras et mes jambes pour me soutenir, et enfin je m'agiterais en tout sens, parce que je ne me souviendrais jamais d'avoir senti de la résistance.

J'ai vu un agneau atteint du tournis, et dont le cervelet était le siége de l'hydatide, longer constamment les murs ou les haies qui étaient à sa gauche, comme s'il eût voulu s'en faire un appui dans sa marche, qui était interrompue par de fréquentes chutes du même côté.

Un dindonneau vient de m'offrir le sujet d'une nouvelle observation qui s'accorde assez bien avec ces idées. Son cervelet était affecté, dans sa partie antérieure, d'un tubercule du volume d'un gros pois : l'oiseau n'était bien que couché sur le ventre; dans cette position, il saisissait avec prestesse le pain et le grain qu'on lui présentait; mais si on le levait sur ses pattes, il portait rapidement, comme s'il eût craint de choir en avant, sa tête et son corps en arrière; il reculait ensuite, comme s'il eût craint de choir en arrière, et ses mouvemens, dans cette direction, étaient de plus en plus précipités, jusqu'à ce qu'il tombât; était-il tombé, il agitait les ailes et les pattes, et n'était tranquille que lorsqu'on l'avait remis sur son ventre.

Plein du souvenir de ce dindonneau, je demande qu'on me permette l'autopsie d'un poulet qui offrait absolument les mêmes symptômes; mais le propriétaire de ce dernier s'y oppose en disant qu'il n'est ainsi que parce qu'on vient de lui donner du vin pour le fortifier.

La suppression ou la lésion du cervelet et l'ivresse produisent donc, comme l'a dit M. Flourens, des effets semblables; mais, dans l'ivresse, la sensibilité tactile devient très-obtuse, et l'on ne perd l'équilibre que faute de le sentir.

L'animal sent après l'ablation du cervelet, puisqu'il a tous ses sens et sa puissance d'excitation; mais la sensation est pour lui instantanée, il n'en reste plus rien après la disparition de sa cause, il ne peut plus la reproduire : il n'y a pas de liaison, de rapport entre ses sensations et ses actions, car l'association en est rompue : il ne peut coordonner un mouvement sur un autre mouvement précédent ; car rien ne lui rappelle que celui-ci ait existé , et c'est pour lui tout comme s'il n'avait pas été produit, ou comme s'il n'avait été accompagné d'aucune résistance.

Cependant, lorsque l'animal ne veut plus se mouvoir, il est tranquille , parce qu'il a une sensation , très-légère, il est vrai, mais continue, d'une même résistance ; et que, ne voulant pas changer d'état, il n'a besoin d'aucun souvenir qui lui donne la conscience des divers rapports d'un changement.

Les mouvemens ne sont pas désordonnés dans le somnambulisme, parce que le somnambule ne s'occupe point de sensation : il n'ordonne pas ses actions sur celles qui précèdent , il est tout entier dans le présent ; il obéit à un enchaînement d'excitations propres, hors duquel il ne sent rien ; il ne conserve aucun souvenir de ses sensations, parce qu'il n'a pas été assez incité par elles, et que l'organe où elles vont s'associer, soit entre elles, soit avec les associations précédentes, est endormi.

Dans tous nos organes, il y a des nerfs qui se rendent au cerveau et d'autres au cervelet : les uns portent aux sens ou aux membres les excitations du cerveau, les autres portent au cervelet les incitations des sens (a). Le cerveau ne communique avec ceux-ci que par l'entremise du cervelet. Ce n'est donc que par le cervelet qu'il est averti des sensations qui sont le lien d'association de la volonté et des actions, et sans lesquelles il ne peut y avoir de relation

---

(a) Est-il probable que les mêmes nerfs qui portent au cervelet les incitations des sens les transmettent encore au cerveau, et qu'ils soient conducteurs de l'attention volontaire ?

entre un mouvement actuel et un mouvement passé, sans lesquelles par conséquent un mouvement quelconque ne peut être coordonné que par hasard avec un autre mouvement. C'est donc par l'entremise du cervelet que le cerveau coordonne les mouvemens.

Le rapport de volume et de complication du cerveau et du cervelet avec l'étendue de l'intelligence annonce qu'ils en sont les instrumens. Or, l'intelligence suppose l'excitation qui anime les sensations et qui produit les signes, et la sensibilité par laquelle on a la conscience des signes qu'on a formés : elle naît de la sensation et de l'attention, et de leurs excitations réciproques ; elle se compose de la mémoire des signes, qui ne peut appartenir qu'à l'organe qui les produit, et de la mémoire des sensations, qui appartient essentiellement à l'organe qui est immédiatement incité par elles. Il y a entre ces deux élémens de l'intelligence les mêmes rapports de dépendance et d'antagonisme qu'entre la force motrice qui produit les signes et la force sensitive qui les sent, qu'entre le cerveau et le cervelet.

Les circonvolutions du cervelet sont plus nombreuses et moins épaisses que celles du cerveau, comme les incitations des sensations sont plus nombreuses et plus fugitives que les excitations de la volonté.

Je ne dois pas négliger la discussion des faits qui semblent difficiles à expliquer dans le sentiment que j'ai adopté.

Les lésions du cervelet, me dira-t-on, déterminent la paralysie du côté opposé aussi bien que celle du cerveau. Je ne le conteste pas ; mais c'est plutôt un affaiblissement, un désordre des mouvemens, qu'une privation complète de la faculté motrice, qui devient le résultat de cette paralysie. Or, ce fait rentre dans celui que j'ai déjà discuté.

Le cervelet n'a aucune influence active sur les mouve-mens volontaires, puisqu'il ne peut déterminer aucun mouvement sans le concours du cerveau, lors même que la volonté de se mouvoir existe (les hémiplégies par lésion du cerveau, les songes) ; tandis que l'ablation même du cervelet n'empêche pas le cerveau d'exciter de nombreux mouvemens, tant dans les extrémités pelviennes que dans les extrémités thoraciques. Ce dernier fait prouve évidemment que l'hémiplégie déterminée par la lésion du cervelet doit être rapportée au désordre que cette lésion occasione dans le cerveau ou dans la moelle alongée ; et s'il était prouvé qu'elle appartient au cervelet même, on ne pourrait y voir que cette influence extraordinaire que, dans l'état de maladie, un organe est susceptible d'acquérir sur les autres organes : car l'action négative du cervelet ne saurait être naturellement plus grande dans sa lésion que dans son absence totale.

Le cervelet peut troubler l'action du cerveau sur les membres, puisqu'il se trouve placé sur le trajet de cette action. On peut en dire autant des tubercules quadrijumeaux et de la moelle alongée ; mais quelle circonstance pourrait expliquer la nullité de toute action du cervelet dans les hémiplégies qu'occasione la lésion du cerveau, s'il était vrai qu'il y eût influence directe du cervelet sur les mouvemens volontaires ? Quelle cause pourrait soustraire à l'action du cervelet des nerfs qui n'attendent que la cicatrisation de la plaie du cerveau pour reprendre leurs fonctions ?

Si les mouvemens des extrémités antérieures sont mieux coordonnés après l'ablation du cervelet que ceux des extrémités postérieures, c'est parce qu'ils sont plus instinctifs ou plus dépendans d'une association générale et n'ont pas besoin d'être sentis pour être réglés, semblables en cela aux mouvemens d'habitude qu'on exécute souvent sans attention, sans volonté et même contre la volonté. Ainsi, la grenouille privée de cervelet ne sait plus sauter, mais elle nage, parce que la natation lui est plus familière que le saut ; elle nageait à l'état de poisson, et par conséquent avant de pouvoir sauter.

L'oiseau a l'instinct de voler et non celui de marcher : voilà pourquoi, après l'ablation du cervelet, il fait plus d'usage de ses ailes que de ses pattes.

Le lapin saute lorsqu'on le blesse au cervelet, parce que sauter est pour lui une action instinctive.

L'homme même, dans les hémiplégies par lésion ou désorganisation du cervelet, conserve plus de faculté motrice dans les bras que dans les jambes, parce qu'il a plus souvent fait usage des uns que des autres.

Ne serait-ce pas par les influences de l'instinct que, dans l'ivresse, l'homme tombe en avançant, tandis que l'oiseau tombe en reculant? L'un a l'habitude de porter ses jambes en avant ; l'autre les porte en arrière lorsqu'il vole, ou dans sa plus fréquente manière de se mouvoir : et les gallinacées domestiques ont spécialement l'habitude de gratter en arrière.

M. Magendie a vu des animaux privés de cerveau et de cervelet se frotter le nez avec leurs pattes lorsqu'ils étaient excités par l'odeur du vinaigre.

On a vu des enfans anencéphales exécuter des mouvemens instinctifs, prendre et sucer la mamelle. J'ai vu moi-même un mouton antenais dont les deux hémisphères étaient entièrement rongés par une hydatide énorme,

17

qui cependant marchait et voyait assez pour se conduire. :
J'ai supposé que, dans la progression lente de la maladie,
il était rentré insensiblement sous l'empire de l'instinct,
c'est-à-dire de l'association primitive et immédiate des
mouvemens avec les sensations, dans laquelle rentrent si
facilement les reptiles qui vivent et se meuvent long-temps
après qu'on leur a coupé la tête, et la seule possible aux
animaux qui n'ont pas de cerveau.

Un effet analogue a probablement un pareil principe dans
les cas les plus ordinaires du tournis, où un seul hémisphère est endommagé. L'animal, en ces cas, ne perd pas
insensiblement l'usage des membres du côté opposé à cet
hémisphère ; et sa maladie, quoique l'origine doive en être
rapportée à l'époque même de sa formation, reste absolument occulte souvent jusqu'à l'âge d'un an et même jusqu'à
celui de dix-huit mois ou de deux ans. Si elle se manifeste alors brusquement, ne serait-ce pas plutôt parce que
l'hydatide exerce une pression presque subite sur l'hémisphère sain, qu'à cause de la privation totale de l'hémisphère attaqué, laquelle est souvent bien antérieure aux
premiers symptômes de la maladie ? Ces symptômes se
montrent lorsque le crâne de l'agneau cesse de croître,
et ils sont long-temps intermittens avant d'être continus.
Mais l'hydatide peut se développer sans gêner l'hémisphère
voisin, tant que les limites de l'espace qu'elle occupe s'é-
tendent en même proportion que son propre volume. Il
n'en est plus ainsi lorsque cet espace devient constant : alors
la pression du corps, qui ne cesse de croître, devient in-
faillible sur les corps contigus. Mais cette pression est plus
ou moins grande, suivant que plus ou moins de sang concourt avec l'hydatide à remplir la cavité du crâne ; suivant

que l'agneau fait de l'exercice et porte long-temps la tête
basse pour paître l'herbe courte , ou qu'il est tranquille à
la bergerie et mange au râtelier. Lorsqu'il y a plusieurs
hydatides sur un même hémisphère, la maladie se manifeste bien plus tôt que par le fait d'une seule , et sous une
bien moindre déperdition , cependant, de la masse cérébrale. Souvent, quoique le cerveau ne soit pas lésé, parce
que l'hydatide a vécu sur les plexus choroïdiens, la maladie ne laisse pas de se déclarer lorsque l'époque de cette
pression est arrivée. J'ai vu, sur un sujet, l'hydatide située entre la dure-mère et le crâne : l'hémisphère correspondant était aplati ; il avait à peine trois lignes d'épais-
seur, mais il n'était point autrement endommagé ; il ne
pesait que cinq à six grains de moins que l'autre hémisphère, qui avait conservé sa forme naturelle. Cet apla-
tissement datait sûrement de la naissance de l'agneau, et
peut—être de la formation du fœtus : cependant la maladie
ne s'est encore manifestée qu'à l'âge de dix—huit mois, et
elle s'est manifestée avec plus de violence que dans les cas
ordinaires, peut—être parce que la pression extraordinaire
s'est exercée sur deux hémisphères sains au lieu d'un seul.

Des observations postérieures à la publication de mes ar-
ticles sur le tournis m'ont convaincu que c'est ordinairement sur le côté où est située l'hydatide que l'agneau tourne,
et qu'il perd la vue du côté opposé ; en sorte que sa rotation
ne peut être rapportée à la faiblesse de la puissance d'excitation de l'hémisphère lésé, puisque le plus grand cercle est
décrit par les membres soumis à l'action de cet hémisphère.
Ne pourrait—elle pas être rapportée , avec quelque vraisemblance, à la perte de la vue, qui fait que l'animal se porte
constamment sur le côté où il voit, afin de s'éviter de heurter

du côté opposé ? Il ne tourne pas dans les cas assez fréquens où l'hydatide ne prive aucun œil de sa faculté spéciale.

De ces divers faits je déduis que, dans la plupart des maladies connues sous le nom de *tournis*, le mouton exécute parfaitement des mouvemens, quoique privé de l'hémisphère qui y préside dans l'état normal ou de parfaite santé ; mais que l'hémisphère sain préside aux mouvemens des muscles qui lui sont soumis, jusqu'à ce qu'il soit troublé dans ses fonctions par la pression inaccoutumée de l'hydatide ; et que si alors la perte apparente de la volonté devient très-sensible et même complète, c'est parce que la cause en est subite et ne donne pas le temps aux associations immédiates et instinctives des nerfs sensitifs avec les nerfs moteurs de s'établir et de remplacer l'association médiate et intellectuelle. Ces deux sortes d'associations existent probablement ensemble et agissent d'accord dans les termes moyens de la série animale : ce n'est pas brusquement que l'organisation franchit l'intervalle de l'instinct sans intelligence à l'intelligence sans instinct ; mais leurs rapports étant très-variables, il devient difficile, impossible peut-être de déterminer les phénomènes qui appartiennent à chacune d'elles, et qui présentent, lorsqu'on les isole, des caractères frappans de bizarrerie et d'inconstance.

L'animal peut se mouvoir d'autant plus facilement sans cerveau et sans cervelet, qu'il a plus d'instinct et moins d'intelligence ; mais plus il vit dans l'habitude des associations intellectuelles, plus sûrement aussi il perd l'usage de ses membres en perdant son cerveau, et moins il lui est possible de régler ses mouvemens sans le cervelet. L'homme devient ordinairement paralysé ou immobile par la lésion subite et profonde ou par le sommeil du cerveau ; sa sensibilité tactile devient obtuse, et il n'a aucun souvenir de ses mouvemens dans la lésion ou le sommeil du cervelet ; tandis que le mouton ne perd, dans le premier cas, que sa volonté sociale : il ne veut plus suivre, il n'obéit plus à la voix du berger ni au son des sonnettes, mais il cherche négligemment encore sa nourriture; et, dans le second cas, il se tient encore debout, il marche sans tomber dans le pâturage, dans lequel il erre à l'aventure, et ses mouvemens ne sont complétement désordonnés que lorsqu'il se dirige vers le parc ou vers la bergerie, lorsqu'il faut obéir au chien ou au berger, lorsqu'ils doivent enfin seconder sa volonté sociale ou d'éducation.

Il est donc des mouvemens qui sont indépendans du cerveau comme du cervelet, et ils sont d'autant plus nombreux, que l'animal appartient à un ordre de perfectionnement moins élevé; et d'autant plus rares, que les mouvemens déterminés par la volonté intellectuelle deviennent plus fréquens. Ceux-ci ne peuvent être réglés sans l'intervention médiate du cervelet, si ce n'est dans la plus grande concentration de l'attention et hors de toute distraction (la rêverie ou le somnambulisme). Le cervelet concourt à la liaison, à la régularité des mouvemens, en ce que, étant l'organe de la mémoire des sensations, il présente au cerveau le tableau qui lui est nécessaire de ceux qu'il a déjà produits; mais il n'a, sur les muscles de la vie extérieure, aucune action immédiate.

Dans l'état normal et de santé, les actions sont produites par la résultante de deux forces ou de deux systèmes d'association. Dans les maladies ou dans les expériences, une seule de ces forces disparaît souvent, et celle qui reste produit des effets plus ou moins surprenans, mais qui peuvent être particuliers à chaque espèce et sur-tout à chaque ordre d'animaux. Ces effets ne doivent pas avoir entre eux les mêmes rapports que ceux de l'état normal ; il devient ici très-imprudent, si je ne me trompe, de conclure du particulier au général, lors même que l'on y serait invité par des rapports analogiques d'un autre genre.

Il est encore une objection que je ne dois pas taire.

On a vu la sensibilité subsister dans un membre qui avait perdu tout mouvement par la lésion du cervelet ; mais est-on bien certain que les nerfs qui sentaient dans ce membre aboutissaient au point où le cervelet était lésé, et qu'il y avait solution de continuité entre ces nerfs et cet organe ?

Ainsi, plusieurs phénomènes sanctionnent notre séparation de l'association des excitations d'avec celle des incitations, dans deux organes, le cerveau et le cervelet ; et aucun phénomène ne la combat. Nous allons voir que les modifications de ces deux organes sont associées entre elles.

La sensation à laquelle le cerveau ne prend aucune part est sans influence sur l'attention : elle devient presque nulle dans l'ablation du cerveau, par l'absence d'un de ses facteurs, l'excitation interne. Cependant, les sensations des songes sont vives, quoique le cerveau soit endormi ; parce que, peut-être, son état d'inertie livre les excitans accumulés pendant le sommeil au pouvoir de l'incitation, qui est elle-même sous les influences du cervelet et des organes de la vie intérieure. Il y a toujours, néanmoins, une différence entre les sensations des songes et celles de la veille ; celles-là ont éprouvé un déchet que n'éprouvent pas celles-ci.

Nous avons des sensations dans la rêverie, ainsi que dans

l'exaltation de l'imagination, puisque nous lisons et que nous évitons les obstacles de notre chemin ; mais elles ne passent pas dans la mémoire, tandis que celles des songes y passent : elles n'agissent donc point aussi puissamment sur le cervelet que celles-ci ; le cerveau ne leur donne qu'une attention insuffisante à les rendre perceptibles. Cependant, ces deux organes sont éveillés, mais ils ne sont pas détournés de leurs associations réciproques par les modifications des sens.

Le souvenir du nom d'une chose éveille celui des sensations qu'on en a reçues, et réciproquement : l'activité de la mémoire analytique des signes nuit à celle de la mémoire incohérente des sensations, *et vice versâ*. La mémoire enfin n'est parfaite que dans l'équilibre de ses deux attributs, la *récordation* (souvenir des signes), et la *réminiscence* (souvenir des choses ou des sensations). Il y a donc dépendance réciproque entre le cerveau et le cervelet, et les modifications de l'un sont associées avec celles de l'autre.

L'attention que nous donnons aux modifications des sens est toujours en raison inverse de notre préoccupation ; nous ne sommes pas maîtres de nos mouvemens dans les organes qui sont sous les influences de l'habitude, de la sympathie, des excitations convulsives, et nous ne reproduisons que rarement et difficilement des sensations dans les sens soumis à l'excitation étrangère.

Cependant, une puissante excitation étrangère trouble ou rompt la rêverie, suspend ou dissipe les illusions de l'imagination, en même temps qu'elle appelle l'attention dans l'organe auquel elle est appliquée ; comme aussi une très-forte volonté peut vaincre l'habitude, la sympathie et même les convulsions ; et une imagination très-exaltée peut prévaloir dans les sens sur l'excitation étrangère.

Il y a donc réciprocité d'action entre les organes céré-braux et ceux des sens et du mouvement ; mais l'effet en est d'autant moins certain, que les uns sont moins libres de leurs propres excitations et les autres de l'excitation étran-gère ; car leur activité propre peut abstraire leur puissance, les affranchir de la dépendance réciproque, et mettre le plus faible sous la dépendance du plus fort ; et de là l'origine des passions abstraites et des passions sensuelles.

Outre le système cérébral d'association générale, nous avons encore un autre appareil d'association spécialement affecté à la vie intérieure et à ses relations avec la sen-sibilité. L'ensemble des ganglions que l'on rencontre sur le trajet du grand sympathique compose cet appareil. Les attributions individuelles de ces petits organes et leurs relations réciproques ne nous sont pas encore connues : on les a comparés à de petits cerveaux ; ils communiquent entre eux et avec les masses cérébrales, et cette organisation explique les rapports réciproques des associations idéales avec les associations sentimentales.

Notre imagination excite les mouvemens intérieurs ; mais nous sentons qu'ils s'entretiennent aussi par eux-mêmes, qu'ils ont un foyer d'activité propre, et qu'ils excitent, à leur tour, l'organe de l'imagination : l'amour, la joie, le chagrin, la haine, la colère, la honte, prévalent souvent contre les sens et la raison, et disposent de l'attention tout aussi sûrement que les plus fortes sensations.

Le développement des ganglions suit celui du grand sympathique et du cervelet, et leur volume est en rapport avec la sensibilité tactile et avec la capacité pour les passions sociales ; les animaux à sang froid, qui en sont dépourvus, ne connaissent que les besoins naturels de con-

servation ou d'habitude, et n'ont de volonté que pour satis-
faire à ces besoins par des actions instinctives; tandis que
les premiers des mammifères, les singes, les chiens, les
éléphans, partagent nos passions et sont susceptibles d'avoir,
comme nous, des besoins extranaturels.

Les ganglions communiquent avec les sens et avec le
cervelet, par les relations du grand sympathique avec le
trijumeau et la moelle épinière; leur activité, pendant
le sommeil, détermine les songes dont les scènes sont dictées
d'avance par la crainte ou par le désir (a), base de tous
nos sentimens.

Des relations entre le système ganglionnaire et les sens,
naissent les associations sympathiques et les modifications
involontaires de la vie extérieure, telles que la rougeur,
la pâleur, les mouvemens convulsifs de la joie et ces irri-
tations de la tristesse qui font couler des larmes.

Le ganglion semi–lunaire, d'après M. Lobstein, est plus
développé chez la femme que chez l'homme, comme le
cerveau est plus développé chez l'homme que chez la femme :
or, celle–là surpasse autant celui–ci par le sentiment,
qu'elle lui est inférieure par le raisonnement; et, chose
remarquable, l'imagination semble être également attribuée
à l'homme et à la femme, comme étant à la fois sous
les influences du sentiment et de l'intelligence.

La dégradation du grand sympathique, observée par
M. le baron Cuvier, indique qu'il finit, ainsi que ses ganglions spéciaux, avec le système sanguin, le tissu réticulaire
et la colonne vertébrale.

(a) Dans les songes, on a presque toujours les sensations que
l'on désire ou que l'on craint.

Il n'y a donc pas d'analogie entre notre système ganglionnaire et celui des invertébrés. Les insectes, étant dépourvus de peau, n'ont qu'un seul système nerveux, qui se compose 1°. du pneumo-gastrique, dont les filets partent, les uns, des stigmates, les autres de l'estomac, et se rencontrent, dans le cordon noueux, avec les nerfs qui distribuent l'excitation aux muscles, au canal dorsal et au tube intestinal; 2°. des nerfs des sens, qui se rencontrent dans le ganglion, qui tient lieu de cerveau, ou dans celui qui est au-dessous de l'œsophage, avec les nerfs excitateurs des parties mobiles de la tète; 3°. des nerfs de la génération, qui se rendent au dernier ganglion postérieur, et sont par conséquent les analogues des filets des paires sacrées, qui président à la génération des vertébrés.

Or, dans tout cela il n'y a rien du grand sympathique des vertébrés; les fonctions du système incitateur des insectes se réduisent à transmettre aux ganglions les modifications sensitives des sens et de la vie intérieure; et celles du système excitateur, à transmettre l'excitation motrice, associée à l'incitation sensitive. Il n'y a, et il ne peut y avoir ici, ni sentiment, ni attention, ni délibération, ni volonté, à moins qu'on n'appelle de ce dernier nom les impulsions de l'habitude innée ou de l'instinct.

Le cordon nerveux des insectes n'est moniliforme que parce que les organes de la respiration et du mouvement sont multiples; les nœuds de ce cordon, ainsi que les stigmates et les organes locomoteurs, deviennent en même temps, à peu d'exceptions près (l'asile, le scarabée monocéros), moins nombreux chez les insectes parfaits que chez leurs larves. Cette diminution ne doit pas être rapportée à une concentration, mais, comme le prouve fort bien M. Serres, à une disparition réelle de quelques ganglions et de leurs nerfs, déterminée par celle des parties qui leur donnent naissance. Ces nœuds ne sont donc que des foyers d'association du pneumo-gastrique avec les nerfs locomoteurs.

Le grand sympathique tire principalement son origine des artères, du péricarde, du diaphragme : or, il n'y a rien de cela dans les insectes.

Si le cordon noueux des articulés est inférieur au canal intestinal, c'est sans doute parce que les stigmates étant eux-mêmes inférieurs à ce canal, aucune cause ne pourrait déterminer une situation différente de ce cordon. Enfin, et ceci tranche tout, il n'y a point de plexus sur les pièces de l'organisation interne des insectes : il n'y a donc qu'un système nerveux, et il faut abandonner le grand sympathique ou le pneumo-gastrique; si l'on abandonne ce dernier, où seront les nerfs tactiles ? Peut-on d'ailleurs refuser à des organes le système nerveux qui leur est propre, pour leur en attribuer un autre qui appartient à des organes différens ? Le système tactile interne des vertébrés est en partie externe chez les insectes, parce que leur organe respiratoire est à la surface extérieure; leur moteur externe doit aussi s'étendre à la surface intérieure, parce qu'il doit avoir une direction opposée à celle du tactile.

Les insectes ont donc aussi un double système nerveux, en ce sens que le système nerveux à base interne des vertébrés a chez eux des racines intérieures (à l'estomac), et des racines extérieures (aux trachées); des branches extérieures (aux organes du mouvement et aux sens), et des branches intérieures (au tube intestinal et à ses appendices).

Il se pourrait que l'on découvrît dans les invertébrés quelques rudimens du grand sympathique ; mais c'est dans les plus voisins des vertébrés qu'on peut espérer de les rencontrer (a).

Note (24).

J'ai développé ces idées dans un *Mémoire sur les poils,* que l'on trouve chez Madame Huzard, rue de l'Éperon, n°. 7.

Note (25).

L'influence de la nourriture sur les facultés vitales ne peut être méconnue. Les animaux qui se nourrissent de substances acides, à quelque classe qu'ils appartiennent, ont peu de sensibilité ; ils se meuvent peu ou lentement. L'organe du goût est en eux très-développé ; tandis que leurs organes, soit de locomotion, soit de préhension, sont ou courts ou mal conformés. Je citerai en exemple le caméléon parmi les reptiles ; le fourmilier et le torcol parmi les oiseaux ; le fourmilier, le tamanoir, le tatou, l'aï, parmi les mammifères. Les herbivores, qui se nourrissent de plantes cryptogames ou azotées (les tortues), et même les carnassiers, se meuvent ou plus lentement ou moins souvent que les animaux qui se nourrissent de plantes où domine l'hydrogène ou le carbone (les solipèdes et les ruminans) : ceux-ci ont le sang plus chaud et leurs organes locomoteurs plus développés que les autres.

(a) Cette note est bien longue, mais le sujet en est bien important.

Note (26).

Les diverses phases de l'organisation présentent des rapports d'analogie entre les plantes et les animaux. Les plantes se divisent en acotylédones, monocotylédones, dicotylédones. Pourquoi ne formerait-on pas ainsi trois grandes sections dans le règne animal, dont la première comprendrait les animaux dépourvus de nerfs; la seconde, ceux qui n'ont qu'un système nerveux, et la troisième, ceux qui en ont deux ? Les plantes dicotylédones ont une écorce qui est l'analogue de la peau des animaux vertébrés : elles croissent en dehors, et c'est pourquoi elles ont été appelées *exogènes*. Les vertébrés ne croissent-ils pas aussi en dehors ? Tous leurs tissus ne sont-ils pas une continuation de ceux qui sont immédiatement situés sous l'épiderme des deux surfaces ? Les systèmes musculaire et osseux sont-ils autre chose que la continuation du derme ? Les plantes dicotylédones sont herbacées à l'extérieur et deviennent ligneuses à l'intérieur, à l'exception du centre, qui est occupé par un canal médullaire. N'est-ce pas ainsi que se comportent les tissus des animaux vertébrés ? Si l'on fait une ligature à la surface d'une plante dicotylédone et à celle d'un animal vertébré, on détermine, ici comme là, un bourrelet. L'organisation est à son plus haut degré dans les dicotylédones comme dans les vertébrés. Les plantes monocotylédones sont privées d'écorce, comme les animaux articulés et la plupart des mollusques sont privés de peau; celles-là comme ceux-ci sont endogènes (*a*). Les unes

____

(*a*) La nutrition des insectes et des vers se fait par imbibition. Ils n'ont point de système absorbant.

et les autres ne durcissent qu'à la surface extérieure, sur laquelle la ligature ne produit pas de bourrelet. Enfin, les acotylédones, comme les zoophytes, sont dépourvues de tout appareil de circulation, et les plus simples sujets des deux règnes se confondent au point qu'on est en peine de dire à quel règne ils appartiennent.

Note (27).

Le foie et le poumon représentent les deux pôles de la pile vitale. L'un est le foyer des forces absorbantes, comme l'autre est celui des forces exhalantes. Ils sont réciproquement cause et effet l'un de l'autre.

Note (28).

Le cerveau est l'instrument de la volonté. Cette proposition est suffisamment prouvée par les expériences de M. Flourens et par mes observations sur les agneaux atteints du tournis, publiées dans la *Feuille villageoise de l'Aveyron* en 1821. Mais la volonté exerce spécialement ses influences sur les organes du mouvement de la vie extérieure, dont elle contracte les muscles ; et sur les sens, dont elle accroît, par l'attention, les capacités sensitives.

Le cervelet est l'instrument du désir ou de la crainte, ou l'organe des idées qui excitent les mouvemens internes, et que ces mouvemens incitent probablement par l'entremise du cerveau, dans lequel se rendent les nerfs sensitifs internes (la huitième paire) ; comme les mouvemens de la vie extérieure incitent le cerveau par l'entremise du cervelet, dans lequel se rendent les nerfs sensitifs externes. Les observations de M. Gall sur les rapports du volume du cervelet avec le penchant à la volupté ; les relations de cet organe 1°. avec les faisceaux postérieurs de la moelle alongée, qui sont une continuation des faisceaux postérieurs de la moelle épinière, sur lesquels se terminent, d'après les expériences de M. Magendie, les nerfs tactiles ; 2°. avec le trijumeau, qui, d'après M. Magendie, distribue la sensibilité à la face et aux organes des sens, et qui communique avec le grand sympathique ; les relations des sensations avec les émotions sentimentales ; l'influence de l'imagination reproductrice des sensations sur les sentimens, et les phénomènes des songes, qui seront rapportés et dont je ferai en sorte de donner la solution dans un autre ouvrage : telles sont les principales considérations desquelles j'ai déduit les rapports de ces deux organes avec les deux branches de la vie d'organisation. (Voyez la note 23.)

Note (29).

« Quel monstre est-ce, dit Montaigne, que cette goutte » de semence de quoi nous sommes produits porte en soi » les impressions, non de la forme corporelle seulement, » mais des pensemens et des inclinations de nos pères ? » Cette goutte d'eau, où loge elle ce nombre infini de » formes ? et comme portent-elles ces ressemblances d'un » progrès si téméraire et si déréglé, que l'arrière-petit- » fils respondra à son bis-ayeul, le nepveu à l'oncle ? »

Montaigne eût été bien plus émerveillé s'il eût su que, dans cette goutte d'eau, il y a une infinité de formations douées chacune de la propriété qu'il rapporte à leur collection.

Note (30).

Si les nerfs des mollusques céphalopodes ne convergent pas vers un cordon noueux, comme ceux des crustacées et des insectes, ne serait-ce pas parce que les premiers de ces animaux n'appartiennent pas à un même plan de l'organisation que les seconds? Ils forment le passage des animaux dont la surface intérieure n'a qu'une ouverture, à ceux dont la même surface est tubulée et a deux ouvertures opposées. Sur chacun de ces trois plans ont dû s'élever trois systèmes particuliers de perfectionnement, dont les plus hauts degrés sont occupés par les astéries, par les mollusques céphalopodes et par les mammifères.

Quoi qu'il en soit, les mollusques céphalopodes appartiennent, si je ne me trompe, à un plus haut perfectionnement que les insectes.

Note (31).

C'est dans l'oviductus que l'œuf des oiseaux se couvre de toutes ses membranes, à l'exception de celle du vitellus. (*Histoire de l'œuf des oiseaux avant la ponte*, par **M. Dutrochet**; *Journal de Physique*, tome **XXVIII**.)

Note (32).

Les femelles des mammifères entrent en chaleur périodiquement lorsqu'elles ne sont pas fécondées, et elles conservent leur fécondité lorsqu'on les prive de la vue du mâle; mais si, lorsqu'elles sont en chaleur, on permet au mâle de les exciter sans lui permettre l'accouplement, leur fécondité s'épuise, et elles le reçoivent ensuite plusieurs fois avant d'être fécondées ; il arrive même qu'elles ne sont plus susceptibles de l'être. M. le vicomte de Morel-Vindé s'est mal trouvé d'avoir mis des béliers boute-en-train avant la monte dans son troupeau de mérinos, et je n'ai pas eu à m'applaudir d'avoir mis des béliers trop jeunes dans le mien.

Harvey a observé que des caresses voluptueuses suffisaient à détacher les œufs des femelles du merle, de la grive, du perroquet. (Blumenbach.)

Note (33).

C'est en coupant des testicules et en les exprimant qu'on a obtenu le sperme qui a servi, soit aux observations microscopiques qui ont constaté l'existence des animalcules, soit aux expériences sur la fécondation artificielle.

Note (34).

Le nombre des corps jaunes qu'on rencontre sur l'ovaire des femelles mammifères est égal à celui de leurs produits. On a trouvé cependant des corps jaunes sur des ovaires de filles qui avaient encore leur hymen, et c'est avec raison, je pense, qu'on en a rapporté la formation aux excitations solitaires ; mais si le nombre des formations cellulaires possibles à chaque femelle est à-peu-près déterminé par leur espèce et leur tempérament, comme il n'est guère permis d'en douter, les excitations qui les déterminent, mais qui ne peuvent seules en assurer le parfait développement, doivent nécessairement, lorsqu'elles sont intempestives et fréquentes, épuiser la fécondité · aussi voit-on que les filles publiques sont rarement fécondes, et que tel mari qui, content d'un héritier, a voulu se donner d'infertiles plaisirs, ne peut remplacer cet enfant que la mort lui a ravi, parce que sa femme, quoique jeune, est devenue stérile : il n'est pas toujours sûr de tromper le vœu de la nature, et la nature veut que la femelle produise et nourrisse après avoir reçu le mâle, avant de le recevoir encore.

Note (35).

Le physique de l'homme, à l'exception de ses extrémités, est entièrement soustrait à nos observations par les vêtemens : mais le moral, sa principale essence et base de ses relations avec ses semblables, devient le sujet le plus familier de nos entretiens sur nous-même, sur nos parens, sur nos amis, sur les sociétés que nous fréquentons, sur les peuples dont nous lisons l'histoire.

Nos jugemens sur les traits moraux qui sont fugitifs et difficiles à saisir peuvent être et sont même très-souvent entachés d'erreur, sans doute ; mais en est-il de même de ceux qui concernent ces traits caractéristiques et permanens dont l'habitude nous a rendus excellens juges, tels que la tournure de l'esprit, les goûts, les penchans, la volonté, les mœurs, les passions ? Ici nos observations peuvent être aussi certaines que nos jugemens sur les formes extérieures des animaux : il nous est même plus facile de distinguer tel homme de tel homme, Jules César de l'empereur Claude, Charles XII d'Eric-l'Agneau, ou Charlemagne de Charles-le-Gros, qu'un épervier d'une colombe.

L'homme, d'ailleurs, est sujet à tant de maux, à tant de difformités qu'il transmet à ses descendans, que ne pas faire mention des faits que son histoire nous offre, ce serait négliger une des principales données du problème qui nous occupe.

Je ne discuterai pas ici la valeur des ressemblances morales : la spontanéité, faculté étrangère aux animaux, est commune à presque tous les hommes ; mais sa puissance est variable et dépend des rapports des capacités intellectuelles aux capacités sentimentales ou sensuelles qui sont particulières à chaque individu et transmissibles dans la reproduction ; tout doute là—dessus mériterait à peine d'être combattu (a). Les circonstances principales de cette transmission, autant que celles de la reproduction des tares ou des formes, vont être le sujet de cette note.

Les convenances s'opposant à ce que je nomme les sujets de mes observations personnelles, elles auront nécessairement le désavantage de l'anonyme : c'est pourquoi je n'en rapporterai qu'un petit nombre, à l'appui desquelles j'invoquerai les secours de l'histoire.

Le but de cette note est plutôt d'indiquer les phénomènes que de les constater ; elle sera utile à la science, si elle provoque de nouvelles observations, quelle que soit l'intention qui les dirige, pourvu que la bonne foi n'en soit pas bannie.

Je sépare les faits de l'homme de ceux des animaux, afin de montrer que je n'entends pas confondre deux classes d'êtres qui ont à la vérité de nombreux points de contact sous les rapports anatomiques et physiologiques, mais que distinguent les hautes facultés humaines : l'intelligence, la spontanéité et la conscience.

(a) Cabanis, *Rapports du physique et du moral de l'homme* ; Montaigne, *Essais*, Chap. XII.

18.

INFLUENCES GÉNÉRALES DU PÈRE ET DE LA MÈRE.

Formes extérieures et caractères.

Aristote parle d'une nation où, les femmes étant communes, on assignait les enfans à leurs pères d'après la ressemblance.

L'histoire fait mention de plusieurs familles chez lesquelles se perpétuaient des signes qui leur étaient propres.

La loi de l'influence générale des pères sur les formes extérieures des produits s'étend donc à l'espèce humaine.

Cette influence s'étend encore aux effets moraux de l'organisation : « Si le Baster, dit le Vaillant, est doué d'un
» naturel méchant ; s'il est hardi, vindicatif, entreprenant,
perfide, serait-ce, hélas ! parce qu'il est le produit d'un
» blanc et d'une hottentotte, et que les enfans tiennent
» plus du père que de la mère ? Cette présomption, toute
» affligeante qu'elle soit pour notre espèce, ne sera pas
» contredite s'il arrive, ce qui est bien rare, qu'une femme
» blanche ait des privautés avec un hottentot ; le fruit
» qui en provient a toujours la bonhomie, les inclinations
» douces et bienfaisantes de son père.... ; mais les bâtards
» des blancs et des hottentottes portent au contraire le
» germe de tous les vices et de tous les désordres. »
(Voyage dans la Cafrerie, édit. in-4°., tome II, page 266.)

Taille, intempérance, fécondité.

La mère exerce une influence générale, mais non pas exclusive, sur tout ce qui tient à l'action cellulaire.

A*** est petit, sa femme est grande ; ils ont eu six enfans, trois garçons et trois filles, tous plus grands que le père, à l'exception d'un garçon qui en a reçu probablement la vie intérieure et le sexe, car il ressemble beaucoup à l'aïeul paternel, tandis que le père ressemble à sa propre mère ; les filles sont proportionnellement plus grandes que les garçons ; l'aîné de ceux-ci, celui de tous qui ressemble le plus à sa mère, est plus grand que ses frères, comme l'aînée des filles, celle de toutes qui ressemble le plus à son père, est plus petite que ses sœurs.

B*** était petit, et sa femme grande ; ils ont eu une nombreuse famille, qui, sous les rapports de la taille, a offert absolument les mêmes résultats que la précédente

Je connais plusieurs familles où le penchant à l'ivrognerie a été transmis par les mères.

Madame A*** a eu vingt-quatre enfans ; cinq de ses filles se sont mariées, et ont fait, à elles cinq, quarante-six enfans ; une d'elles cependant n'a eu qu'un enfant.

Madame C***, fille de M. B***, qui était lui-même fils de Madame A***, en est à son seizième enfant ; elle partage donc la fécondité de son aïeule paternelle.

Plusieurs faits semblables prouveraient que les formations reproductrices du père sont aussi cellulo-nerveuses ; car la fécondité est un attribut du tissu cellulaire.

INFLUENCES SPÉCIALES DU PÈRE ET DE LA MÈRE.

« L'opinion populaire, dit M. Richerand, que les filles
» ressemblent généralement au père, tandis que les enfans
» mâles offrent le plus souvent les traits de leur mère,
» porte sur un trop grand nombre de faits pour qu'il soit

» possible de la regarder comme tout-à-fait fausse : est-ce
» la raison pour laquelle tant d'hommes illustres par leur
» génie et par de nombreux succès dans les sciences et
» dans les lettres ont transmis leur nom à des fils inca-
» pables d'en soutenir l'éclat ? » (*Nouveaux Élémens de
physiologie*, huitième édit., tome II, page 429.)

Les historiens vantent la beauté de Demetrius Poliorcète
et de sa fille Stratonice.

Les observations sur la ressemblance du père avec la
fille, et de la mère avec le fils par les traits de la face, sont
triviales, et il nous semble inutile de s'y arrêter.

Colonne vertébrale.

A***, quoique droit, était d'une famille rachitique ; il a
eu une nombreuse famille : tous les garçons sont droits,
toutes les filles, une seule exceptée, sont bossues.

B***, quoique droit, mais issu d'une famille rachitique,
a deux filles bossues.

Madame A***, sœur de B***, a eu sept enfans, quatre
garçons et trois filles, tous bossus. Trois des garçons se sont
mariés, et ont eu, à eux trois, sept enfans tous droits. Deux
des garçons et une des filles de cette seconde génération
se sont mariés : ils ont chacun une fille bossue.

Extrémités thoraciques.

C*** est issu d'une famille où l'usage spécial de la main
gauche est héréditaire ; il n'est pas gaucher lui-même,
mais il a une fille mariée, qui est gauchère et dont tous les
enfans sont gauchers ; il a en outre un fils marié, qui se sert
spécialement de la main droite, mais qui est père d'une fille

tellement gauchère, que dès le berceau on a été obligé de lui emmaillotter la main gauche, pour la forcer de se servir de la main droite ; dans cet état de gêne, elle prenait, en fléchissant l'avant-bras gauche sur le bras du même côté, les objets qu'on avait mis dans sa main droite.

E*** a les mains conformées comme celles de sa mère : parmi ses enfans, ses filles seulement ont les mains conformées comme les siennes.

Madame G*** tremble des mains ; son fils peut à peine exercer les fonctions de l'état ecclésiastique, parce qu'il tremble plus encore que sa mère.

Extrémités pelviennes.

Madame B*** était boiteuse, elle a eu trois enfans mâles bien constitués, ressemblans entre eux et à leur mère. L'aîné seul s'est marié avec une femme beaucoup plus jeune que lui, dont il a eu d'abord six garçons bien constitués, puis quatre filles, dont une boiteuse comme sa grand'mère, à laquelle elle ressemble beaucoup.

MM. et Mesdemoiselles *** étaient tous boiteux, presque culs-de-jatte. L'aîné seul s'est marié, tous ses fils sont bien conformés ; il a deux filles, dont une est boiteuse comme son père ; l'aîné des garçons est marié, il a un fils et une fille tous deux boiteux, mais la fille bien plus que le garçon, plus même que son grand-père.

Je tiens ces deux derniers faits de mon honorable ami M. H. D. L. G.

F***, quoique droit lui-même, appartient à une famille où la claudication est héréditaire ; il a une fille boiteuse et deux garçons droits ; l'un de ceux-ci a deux enfans, une fille très-boiteuse et un garçon un peu boiteux.

G*** a une sœur boiteuse ; on s'aperçoit difficilement qu'il boite un peu lui-même ; parmi ses enfans, une fille est très-boiteuse et un garçon boite légèrement.

H*** était bien conformé, ainsi que tous ses ascendans ; il a épousé une femme issue d'une famille de boiteux, et boiteuse elle-même du pied gauche ; les malléoles de ce pied étaient grosses, le talon en était gros et élevé, et les doigts en étaient relevés ; il a résulté de ce mariage sept garçons et une fille. Parmi les garçons, le premier a le pied rond ; le deuxième a la malléole grosse et le pied rond ; le troisième a le pied rond ; le quatrième a la malléole grosse ; il en est de même du cinquième ; le sixième a le pied rond et les doigts relevés ; le septième a la malléole grosse et le pied rond ; la fille est boiteuse par faiblesse des muscles lombaires.

L'aîné des garçons s'est marié avec une femme bien conformée ; de ce mariage sont issus deux filles boiteuses et dont le pied est mal conformé, et deux garçons bien conformés et droits. Un des cadets s'est aussi marié ; il a deux garçons bien conformés, comme leur mère ; il n'a pas encore de filles.

J*** a pris une femme bien conformée, dans une famille où la difformité des pieds est héréditaire ; de ce mariage sont nés deux garçons et une fille ; on croit que l'aîné des garçons a un pied défectueux, le cadet a les deux pieds terminés en patte d'écrevisse ; la fille, qui est bien conformée, s'est mariée avec un homme exempt de tares et issu d'une famille bien conformée ; de ce mariage sont nés deux garçons et trois filles ; les deux garçons ont les pieds fourchus ; une des filles a les deux mains privées chacune des trois doigts du milieu, et conformées de manière que les deux doigts restans sont implantés à l'origine du poignet ; nous n'avons pas de renseignemens sur les autres deux filles. On croit que la difformité des mains était aussi héréditaire dans la famille de madame J***.

Organe de la respiration.

La reproduction du poumon suit à–peu–près les mêmes lois que celle des extrémités.

L*** était asthmatique ; une de ses filles, qui lui ressemblait, est morte de phthisie. Ses garçons se sont conservés.

Madame C*** était affectée de phthisie ; son fils est mort de cette maladie ; ses filles se sont conservées.

M*** est doué d'une bonne constitution, sa femme est morte de phthisie ; ils ont eu deux garçons qui ressemblaient à la mère et qui sont morts de la même maladie qu'elle, et trois filles qui ressemblent au père et qui jouissent d'une parfaite santé.

N*** était fortement constitué, sa femme était asthmatique. Ils ont eu cinq garçons et trois filles ; les cinq garçons sont morts jeunes ; les trois filles jouissent d'une bonne santé.

O*** est mort de phthisie. Il a eu trois filles et deux garçons. Sur les trois filles, une est morte très–jeune de la même maladie que son père ; une autre a eu de grandes menaces de phthisie, et ne doit sa conservation qu'aux soins d'un médecin habile ; la troisième est mariée ; elle a fait plusieurs filles, qui toutes ont péri, à l'exception de la dernière, qui est encore au berceau. Les deux garçons ressemblent à leur mère et jouissent comme elle d'une bonne santé.

Habitudes.

P*** avait l'habitude, lorsqu'il était dans son lit, de se coucher sur le dos et de croiser la jambe droite sur la gauche. Une de ses filles a apporté en naissant la même habitude : elle prenait constamment cette même position dans son berceau, malgré la résistance des langes.

Je connais plusieurs filles qui ressemblent à leur père et qui en ont reçu des habitudes propres et extraordinaires, qu'on ne peut rapporter ni à l'imitation ni à l'éducation, et des garçons qui ont, depuis leur naissance, des rapports très-prononcés de ressemblance soit morale, soit physique, avec leur mère ; mais les bienséances m'empêchent d'entrer dans aucun détail là-dessus ; car, sans nommer les personnes, les faits suffiraient à les signaler, parce que plusieurs témoins oculaires en ont le souvenir.

Je ferai observer ici que la ressemblance extérieure et morale du fils avec la mère est bien moins fréquente et moins parfaite que celle de la fille avec le père.

Intelligence et volonté.

Q*** était aliéné ; un charlatan se vante de le guérir. Il obtient quelque succès, ou plutôt quelque apparence de succès. La mère de Q*** en perd la tête de joie ; elle jette ses coiffes par la fenêtre, et dès ce moment elle est folle.

Un frère de Q*** a quatre filles qui lui ressemblent et qui ont comme lui la tête faible : il a aussi deux garçons qui ressemblent à leur mère et paraissent avoir la tête saine.

F*** était aliéné. Il a eu plusieurs enfans des deux sexes ; une de ses filles seulement est aliénée.

Madame D*** est aliénée. Elle a plusieurs enfans des deux sexes, un de ses garçons seulement est aliéné.

Madame E*** était aliénée. Elle a eu des enfans des deux sexes ; un de ses garçons seulement est aliéné, et du même genre d'aliénation que sa mère.

Mesdames F*** et G*** étaient sœurs et issues d'une famille acariâtre. Chacune d'elles a épousé un mari débonnaire. Tous leurs garçons sont acariâtres et toutes leurs filles débonnaires. Madame H***, fille de Madame G***, a fait un garçon bon comme sa mère et comme son aïeul maternel, et une fille acariâtre comme son aïeule maternelle.

Mademoiselle A***, actrice célèbre, est fille d'un acteur célèbre.

Faits historiques.

L'histoire nous fournit une infinité d'exemples de la ressemblance morale du père avec la fille, et de la mère avec le fils. Qu'il me soit permis d'en rappeler ici un petit nombre des plus frappans.

Pythagore laissa plusieurs enfans ; mais il ne confia ses ouvrages qu'à sa fille Damo.

Cléobule de Rhodes fut un des sept Sages de la Grèce ; sa fille Cléobulie était très-savante.

Antipater, gouverneur de la Macédoine, l'un des plus sages politiques de son temps, consultait sa fille Phila dans les affaires de la plus haute importance.

Aristippe, chef de la secte cyrénaïque, eut un disciple célèbre dans sa fille Areté, qui elle-même se vit revivre dans son fils Aristippe.

Platon descendait de Solon par les femmes.

La fille de Lélius parlait aussi élégamment que son père

Hortensia, fille du célèbre orateur Hortensius, plaida, avec beaucoup de talent et d'éloquence, la cause des Dames romaines devant les Triumvirs.

Tullie sut embellir les jours de Cicéron.

La fille de Molière avait beaucoup d'esprit.

Alexandre-le-Grand ne ressembla jamais à **Philippe**. S'il se montra l'élève d'Aristote dans les belles actions de sa vie, il redevint le fils d'Olympias lorsqu'il tua Clitus, lorsqu'il fit mourir Callisthène.

C'est dans le cœur de Cratésiclée et de Cléomène, son fils, que la vertu des anciens Spartiates trouva un dernier asile. On ne sait lequel on doit le plus admirer du généreux dévouement de cette mère, ou du patriotisme de ce fils, digne émule de Lycurgue, dont il entreprit de rétablir les lois qu'avait méprisées Léonidas, son père.

La mère des Gracques était fille de Scipion.

Porcie, qui s'enfonça un fer dans une cuisse, voulant s'éprouver elle-même, et qui se suffoqua avec des charbons ardens pour ne pas survivre à Brutus, était fille de Caton, qui déchira ses entrailles plutôt que d'obéir à César.

Les mères de Cornélie, de Porcie et de Tullie n'eurent ni le caractère ni l'esprit de leurs filles ; c'est dans leurs fils qu'elles purent se reconnaître.

Tibère craignit Livie.

Sur ce qu'on se plaignait à Caligula de ce que sa fille, âgée de deux ans, égratignait les petits enfans qui jouaient avec elle et tentait même de leur arracher les yeux, il répondit en riant : *Je vois bien qu'elle est ma fille.*

On ne sait qui l'on doit haïr ou mépriser le plus, d'Agrippine ou de Néron.

Marc-Aurèle est le premier qui ait élevé un temple à la

bienfaisance : il prétendait qu'il avait reçu de sa mère son penchant à cette vertu. Ce n'est pas de lui, mais de Faustine, que Commode tenait son goût pour les plus infâmes débauches.

Sœmie, déshonorée par ses mœurs, présida le ridicule Sénat de femmes qu'elle avait institué. Héliogabale, son fils, après avoir épousé une Vestale, se déclara femme, et, comme telle, il épousa un de ses officiers et un de ses esclaves.

Abubeker, premier calife et successeur de Mahomet, fut célèbre par ses conquêtes et par l'Alcoran, son ouvrage ; sa fille se montra digne d'un tel père.

Ulun, mère de Gengis-Kan, le guida dans ses premiers exploits contre les Tartares, qui voulaient se soustraire à sa domination.

On fait descendre Tamerlan de Gengis-Kan par les femmes.

Clotaire II fit traîner par un cheval indompté Brunehaut, que Frédégonde avait horriblement persécutée.

Charlemagne fermait les yeux sur les désordres de ses filles, parce que leurs fautes étaient les mêmes que les siennes.

La fille de Louis-le-Hutin devint mère de Charles-le-Mauvais.

Le duc de Bourbon, oncle maternel de Charles VI, avait la tête presque aussi faible que son neveu.

Le trop fameux Jean-Sans-Peur, duc de Bourgogne, fut impérieux et fier comme Marguerite de Brabant, sa mère.

Louis XI tenait de sa mère le goût des pélerinages, des vœux et autres dévotions singulières.

Charles-le-Téméraire ressemblait à sa mère, tant par le moral que par le physique. Il avait reçu d'elle son caractère soupçonneux et méfiant, qui contrastait avec la franche loyauté de Philippe-le-Bon, son père. Il lui devait aussi un teint brun, des cheveux et des yeux noirs et le regard vif. (*Histoire des ducs de Bourgogne*, par M. de Barante.)

Charles VIII fut bon comme Charlotte de Savoie, sa mère, laquelle était bonne et faible comme Louis, duc de Savoie, son père.

Madame de Beaujeu fit mettre le duc d'Orléans, son beau-frère, dans une de ces cages de fer qui furent inventées sous le règne de Louis XI.

Alphonse IX, roi de Castille, célèbre par son zèle pour la religion et son ardeur à combattre les Infidèles, fut père de Bérangère, de Blanche et d'Urraque. La première devint mère de saint Ferdinand ; la seconde donna le jour à saint Louis, à Robert, comte d'Artois, à Alphonse, comte de Toulouse, qui suivirent saint Louis en Afrique, et à Charles d'Anjou, qui porta jusqu'à la cruauté son zèle pour la religion ; la troisième enfin fit prendre l'habit monastique à son fils Sanche, quoique appelé au trône de Portugal.

La reine Claude fut aussi bonne que le Père du peuple et le sien.

Catherine de Médicis conçut et prépara la Saint-Barthelemy. Charles IX tira sur les protestans, et Henri III fit assassiner les Guises.

Marguerite de Valois rappela, par ses galanteries, celles de l'amant de Diane de Poitiers.

Eléonore, reine de Navarre, fut aussi ambitieuse que

Jean II, son père. Elle donna le jour à Gaston, qui mourut dans un tournoi. Catherine, fille de Gaston et mère de Henri II, disait à son époux, Jean d'Albret, qui, par sa faiblesse, avait perdu la Navarre : *Don Jean, si nous fussions nés, vous Catherine et moi Don Jean, nous n'aurions jamais perdu la Navarre.* C'était de Henri II que Charles-Quint entendait parler lorsque, après avoir traversé la France, il prétendait n'y avoir trouvé qu'un seul homme. Jeanne d'Albret, sa fille, *avait*, d'après d'Aubigné, *l'esprit puissant aux grandes affaires, et le cœur invincible aux grandes adversités.* Elle fut mère de notre Henri IV.

Louis XIII et Gaston furent presqu'en tout semblables à Marie de Médicis ; tandis que Henriette de France, digne fille de Henri IV, se fit remarquer par son infatigable courage à secourir l'infortuné Charles Ier., renfermé dans Oxford.

On aime à retrouver dans Charles II des traits de ressemblance avec son aïeul maternel : même clémence, même tournure d'esprit, même penchant à la galanterie.

C'est d'Anne d'Autriche que Louis XIV tenait sa fierté, et le goût du Masqué-de-Fer pour le beau linge ajoute à l'autorité du sentiment qu'il était fils de cette reine, pour laquelle il n'y eut jamais de linge assez fin.

Le Régent avait l'originalité d'esprit de sa mère. Les mœurs de la duchesse de Berri, sa fille, furent aussi dissolues que les siennes.

C'est à Marie-Charlotte Lecksinska, et non à Louis XV, que ressemblait le Dauphin.

Les historiens attribuent les extravagances d'Éric XIV, fils du célèbre Gustave de Wasa, à un *transport au cerveau,* qu'il tenait de sa mère.

Christine, fille de Gustave – Adolphe, fut une femme très-singulière.

Don Pèdre-le-Cruel fut porté au premier crime par sa mère, qui exigea de lui le sacrifice de Léonore de Guzman, sa rivale. Don Pèdre ne sut jamais pardonner.

Edouard III, roi d'Angleterre, ressemblait à Isabelle, sa mère, fille de Philippe-le-Bel, auquel elle ressemblait.

On ne peut qu'être frappé de la ressemblance des rois d'Angleterre Henri II, Henri VI et Henri VIII, plus spéciale avec leurs aïeuls maternels Henri I, Charles VI et Edouard IV qu'avec leurs propres mères.

Henri VI, prince imbécille comme son aïeul maternel Charles VI, eut pour femme Marguerite d'Anjou, qui ressemblait à René d'Anjou, son père, lequel eût été un héros s'il avait été heureux. De ce mariage naquit l'infortuné Edouard, digne fils de sa mère.

Henri VIII fit mourir sur l'échafaud deux de ses épouses. Son fils Edouard fut un enfant doux et faible ; ses deux filles, Marie et Elisabeth, furent aussi cruelles que leur père.

Cromwell partageait les terreurs de sa mère. Sa femme n'était pas méchante ; ses deux fils, Richard et Henri, furent doux et humains ; mais ses filles, et sur-tout l'aînée, furent enthousiastes comme lui.

Reparition des types latens.

Mademoiselle *** ressemble beaucoup au frère de son aïeule paternelle, auquel n'ont jamais ressemblé ni son père ni cette aïeule. Frappé de ce fait, j'ai voulu en connaître l'origine, et j'ai appris que le père et la mère de Mademoiselle *** étaient issus, par deux sœurs, d'un bisaïeul commun, auquel elles ressemblaient probablement. De l'une de celles-ci étaient nés et ce grand-oncle paternel, auquel ressemble Mademoiselle ***, et cette aïeule paternelle, à laquelle elle ne ressemble pas ; de l'autre sœur était né l'aïeul maternel de Mademoiselle ***.

Les traits du trisaïeul de Mademoiselle *** ont été apparens dans ses deux filles et dans leurs enfans mâles : ils ont été latens dans l'aïeule paternelle, dans le père et dans la mère de Mademoiselle ***, et ces deux derniers les ont reproduits dans leur fille.

S*** ressemble beaucoup à sa mère. Il a une fille et deux garçons ; ces derniers, de deux lits différens, se ressemblent entre eux à tel point, qu'on ne peut s'empêcher de dire en les voyant : voilà deux frères. Ils ressemblent aussi à l'aïeul paternel, tandis que la fille ressemble parfaitement à son père par les traits et la physionomie.

T*** ressemble beaucoup à sa mère, sa fille lui ressemble, et son fils ressemble à l'aïeul paternel.

Parmi les faits que nous avons cités sur le rachitisme, sur l'usage spécial de la main gauche et sur la claudication, il en est qui prouvent que les difformités des ascendans peuvent devenir latentes dans la première génération, et reparaître dans la seconde, tant par le fait du père que par celui de la mère ; et que chaque sexe peut les transmettre aux deux sexes.

La claudication, qui a pour cause la faiblesse des muscles lombaires, reparaît spécialement dans les filles, premièrement, sans doute, à cause de la largeur du bassin, qui rend en elles l'action de ces muscles plus oblique et par conséquent moins puissante que chez les hommes ; secondement, à cause de l'influence générale de leur sexe sur la force musculaire.

Métamorphose des ressemblances.

V*** et X*** ressemblaient, dès leur bas âge, à leur mère, et Mademoiselle A*** à son père. Ces ressemblances frappaient tous ceux qui en étaient témoins; aujourd'hui et depuis l'adolescence, les deux garçons ressemblent à leur père, et la fille a cessé de ressembler au sien : ces métamorphoses sont aussi très-sensibles.

Plusieurs observations nous ont convaincu que ces changemens de ressemblance sont plus fréquens et plus complets chez les garçons que chez les filles.

Couleur.

La couleur ne suit pas les formes, le tempérament accompagne la couleur.

Mademoiselle C*** ressemble beaucoup à son père, par les traits de la face et par la conformation des mains, elle partage aussi sa tournure d'esprit ; mais elle tient de sa mère la couleur des yeux, des cheveux et de la peau, et elle en a aussi le tempérament ; elle digère difficilement les alimens que sa mère digère difficilement.

Note (36).

La procréation des sexes est soumise aux mêmes lois dans l'espèce humaine que chez les animaux. La femme qui ressemble à son père, ou l'homme qui ressemble à sa mère, font le plus souvent, l'un des garçons, l'autre des filles, lorsqu'ils se reproduisent sous les influences de la vie ex—

térieure, sur-tout lorsqu'elle est en eux prédominante sur la vie intérieure ; le contraire arrive, si la femme ressemble à sa mère et l'homme à son père, ou s'ils se reproduisent sous les influences de la vie intérieure. Dans tous les cas, le sexe de l'enfant est déterminé par l'organisation intérieure, qui est prédominante dans la réunion des formations reproductrices du père et de la mère, lorsqu'elles ne tendent pas à procréer un même sexe.

L'homme nous offre de plus que l'animal une donnée très-facile à saisir, l'intelligence et la volonté, qui appartiennent à la vie extérieure, ou en reçoivent les influences ; les gens de lettres, les conquérans, tous ceux qui se livrent, par goût, à des entreprises qui exigent une grande dépense de forces motrices ou intellectuelles, vivent spécialement sous les influences de l'organisation extérieure, et l'observation met hors de doute que, suivant qu'ils appartiennent eux-mêmes au sexe masculin ou au sexe féminin, ils procréent plus de filles que de garçons, ou plus de garçons que de filles.

Mes propres observations auront, comme celles de la note précédente, le désavantage de l'anonyme, et pour le même motif ; mais, ici comme là, j'invoquerai les secours de l'histoire.

A***, doué d'un caractère vif et gai, a épousé une femme douce et mélancolique, plus âgée et plus grande que lui et d'un embonpoint remarquable ; ils ont eu sept filles très-ressemblantes au père et plus encore à l'aïeule paternelle ; ils n'ont point eu de garçon.

B*** est doué de beaucoup d'esprit, il a la tête grosse et le corps fluet ; sa femme est aussi âgée que lui, elle a de l'embonpoint : ils ont eu d'abord cinq filles, et enfin un garçon.

C*** a la tête grosse , il est très-maigre et très-entêté ; sa femme a la tête petite et n'a point de volonté : ils ont quatre filles et point de garçon.

D*** est fluet et brun ; il a épousé une femme blonde et de douze ans plus âgée que lui ; il en a eu quatre filles et point de garçon.

E*** a épousé une femme d'un embonpoint remarquable , qui lui a donné six filles et un garçon.

F*** a eu de sa belle et jolie femme , mais d'une intelligence très-commune , sept filles qui ressemblent à leur père , et trois garçons qui ressemblent à leur mère.

G*** a eu d'une femme grande et aussi âgée que lui quatre filles et un garçon.

H***, doué d'une activité prodigieuse et d'un entêtement rare , a eu huit filles et un garçon.

Madame A***, qui a la voix masculine et du poil au menton , a sept garçons et point de fille.

J***, homme gros et doué d'une force musculaire remarquable , a sept garçons et une fille.

Madame B***, petite femme , a fait, dans quatorze années, douze garçons et deux filles.

L*** est un petit homme très-grêle , il a la voix d'une femme ; sa femme, douée d'une activité extraordinaire , a fait dix garçons qui ressemblent à leur mère , et une fille.

M***, deux fois plus âgé que sa femme lorsqu'il l'épousa, et d'ailleurs homme gros , a eu huit garçons et trois filles.

N***, très-bon homme, a eu de sa femme , douée d'un caractère extraordinaire , treize garçons du même caractère que leur mère.

O***, fils du précédent et le plus débonnaire des treize frères , a épousé une femme douée d'une forte volonté et

portant moustache ; il en a eu neuf garçons et une fille.

P***, assez bel homme, ami de la table et sur-tout de la bouteille, a eu de sa bonne petite femme sept garçons qui ressemblent à leur père, et une fille qui ressemble à sa mère.

Q***, disposé à l'embonpoint, a eu d'une femme petite et qui a la tête grosse cinq garçons et une fille.

Madame C***, menacée de phthisie, a eu six filles et n'en a conservé qu'une.

Madame D***, menacée de phthisie, a eu quatre filles, dont deux sont mortes de cette maladie.

Madame E***, atteinte de phthisie, a eu cinq filles et un garçon.

D'après des notes qui m'ont été données par des médecins, dix-huit femmes phthisiques, dont les noms ont été pris au hasard, ont, ensemble, donné le jour à soixante-quatorze filles et à treize garçons.

D'après les tableaux statistiques de la ville de Paris, dans le courant des années 1816, 1817, 1818, 1819, trois mille neuf cent soixante-cinq sujets du sexe masculin et cinq mille cinq cent soixante-dix-sept du sexe féminin sont morts de phthisie ; ce qui offre un rapport de sept cent onze mâles à mille femelles. On remarque dans ces tableaux que, dans chaque saison et dans chaque période de dix années, depuis la naissance jusqu'à l'âge de cinquante ans, le nombre des décès féminins, déterminé par cette maladie, est de beaucoup supérieur à celui des décès masculins. Ainsi, lors même que l'on supposerait que ces relevés ont été faits avec peu de soin, on ne pourrait s'empêcher d'en conclure qu'en somme il a péri de phthisie, dans ces quatre années, bien plus de filles que de garçons. Mais la phthisie est presque toujours héréditaire, et elle passe plus sûrement de la mère au garçon que de la mère à la fille. Cet excédant de décès féminins indique donc un excédant de naissances féminines dans les familles dont les mères sont ou phthisiques ou prédisposées à le devenir ; car on ne supposera pas que les garçons reçoivent moins facilement cette maladie, ou échappent plus souvent à ses cruels ravages que les filles : cette supposition serait combattue par les faits.

Voulant m'assurer si les conséquences qui dérivent de mes observations personnelles n'étaient pas infirmées par les faits historiques, j'ai eu l'idée de consulter les généalogies des grands personnages. Je n'ai pu me procurer, pour cela, de meilleurs livres que l'*Art de vérifier les dates* et l'*Abrégé chronologique de l'histoire de France*, par le président Hainault. A mon grand regret, le premier de ces ouvrages ne m'a pas offert de détails suffisans sur l'histoire générale.

J'aurais eu besoin de connaître les dates des mariages des pères et des mères, de leur naissance et de celle de leurs enfans, le nombre exact de ceux-ci et le sexe de chacun d'eux, le portrait fidèle du corps et de l'esprit des uns et des autres. Sur tout cela, je n'ai pu trouver que des notes inexactes ou incomplètes. J'ai pris le parti de négliger les sujets qui laissaient trop à désirer ; et malheureusement, ce sont les plus nombreuses familles qu'il m'a fallu passer sous silence, soit parce qu'il a paru trop long à l'auteur du livre de spécifier le nombre des enfans de chaque sexe, soit parce qu'il l'a ignoré.

J'ai rencontré quelques anomalies, que j'ai négligées lorsque les renseignemens m'ont manqué, pour juger si elles étaient réelles ou seulement apparentes.

Je me suis rarement arrêté aux familles d'un ou de

deux enfans, ainsi qu'à celles où le nombre des garçons n'excède que d'un le nombre des filles, parce qu'elles ne m'offraient rien de particulier, attendu qu'il naît en général plus de garçons que de filles, et que dans un nombre impair le sexe masculin doit naturellement prédominer.

Ce n'est qu'à partir du dixième ou du onzième siècle, que l'histoire entre dans quelques détails sur la généalogie des hommes qui n'ont rien fait de bien remarquable ; c'est pourquoi mes extraits remontent rarement au-dessus de cette époque.

Ayant de fortes raisons de croire que souvent on n'a fait aucune mention des enfans morts jeunes, je ne puis être satisfait du résultat de mes recherches ; cependant, tel qu'il est, il peut, par la masse des faits qu'il présente, être de quelque poids et concourir à prouver que les faits que j'ai observés moi-même sont autant de conséquences des lois générales.

J'ai réuni dans un même tableau les personnages qui ont eu plus de filles que de garçons, et dans un autre ceux qui ont eu plus de garçons que de filles.

Dans la première de ces deux séries, qui se compose de deux cent dix-huit pères, et qui m'a donné sept cent douze filles et trois cent vingt-deux garçons, figurent les noms les plus historiques, tels que Auguste, Mahomet, Gustave Wasa, Gustave-Adolphe, Pierre-le-Grand, Charlemagne, Hugues Capet, Louis-le-Hutin, Charles V roi de France, Louis XI, Jean-sans-Terre, Edouard IV, Henri VIII, Cromwell, Alphonse VIII, don Pèdre-le-Cruel, Ferdinand-le-Catholique, Charles-Quint, Charles-le-Mauvais, Alphonse-Henriquez roi de Portugal, Amédée V dit le Grand, Victor Amédée, Roger Ier., comte de Sicile, Tancrède, etc.

Dans la seconde série, qui se compose de cent soixante-cinq pères ou mères, et qui m'a donné six cent quatre-vingt-deux garçons contre deux cent neuf filles, figurent les femmes les plus remarquables et les hommes les plus pacifiques, les plus faibles, les plus timides : on y rencontre souvent les surnoms le Bon, le Juste, le Pacificateur, le Sage, le Père du peuple, le Père de la patrie, le Débonnaire, le Gros, le Gras, le Renforcé ; on y trouve aussi, il est vrai, quelques personnages marquans par leur caractère et leurs actions, mais ils y sont beaucoup plus rares que dans la première série.

Dans le premier tableau, sur deux cent dix-huit mariages, il y a quarante-sept familles de six enfans, et au-dessus, qui m'ont donné cent trente-huit garçons et deux cent quarante-quatre filles : la prédominance des filles est donc moindre chez les familles nombreuses de cette série que chez les autres.

Dans le deuxième tableau, sur cent soixante-cinq mariages, il y a cinquante-quatre familles de six enfans et au-dessus.

L'influence des grossesses nombreuses sur la production des mâles modifie donc, dans la première série, l'influence des pères ; et les familles nombreuses sont en bien plus grand nombre dans la deuxième série que dans la première.

Parmi les enfans naturels, la première série offre dix-neuf filles et huit garçons, même rapport que parmi les enfans légitimes ; tandis que la deuxième série offre vingt-huit garçons et seize filles sur quarante-quatre enfans naturels, c'est-à-dire un nombre de filles relativement plus grand que parmi les enfans légitimes.

Dans la première série , il y a, du premier lit, deux cent trente-huit garçons et cinq cent trente-huit filles ; du deuxième lit, cinquante-neuf garçons et cent vingt et une filles ; et des troisième, quatrième lits, etc., dix-sept garçons et trente-quatre filles : d'où il suit que la prédominance des filles y devient moindre , à mesure que les pères vieillissent.

Dans la deuxième série, il y a, du premier lit, quatre cent quatre-vingt-quatorze garçons et cent trente-neuf filles ; du deuxième lit, cent trente-six garçons et cinquante et une filles ; et des troisième, quatrième lits, etc., vingt-quatre garçons et quatre filles. Ici, la prédominance des garçous est plus grande dans les troisième et quatrième lits que dans les deux premiers, et moindre dans le deuxième que dans le premier.

Enfin, le total des garçons fournis par les deux séries est à celui des filles :: 25 : 23, et chez les enfans naturels, seulement :: 36 : 35.

Ces tableaux m'ont fourni les observations suivantes :

1°. Les hommes d'un grand caractère, qu'ils aient été vertueux ou pervers, ont eu plus de filles que de garçons (cent soixante-dix-huit faits).

2°. Les hommes faibles de caractère ont eu plus de garçons que de filles (soixante-neuf faits).

3°. Ceux qui se sont mariés jeunes ont eu plus de filles que de garçons (vingt-trois faits).

4°. Ceux qui se sont mariés dans un âge avancé ont eu plus de garçons que de filles (quinze faits).

5°. Ceux qui ont eu plusieurs femmes ont eu un plus grand nombre relatif de garçons des deuxième, troisième lits, etc., que du premier (trente faits).

6°. Ceux qui ont épousé des femmes d'un grand caractère

ont eu plus de garçons que de filles (vingt-trois faits).

7°. Ceux qui ont épousé des veuves ont eu plus de filles que de garçons (six faits).

8°. Lorsque le chef d'une maison a , par son influence personnelle, déterminé dans sa famille un nombre d'enfans d'un même sexe plus grand que celui de l'autre sexe, la même prédominance s'est soutenue pendant quelques générations ; mais elle s'est affaiblie , et a enfin cessé par le fait des femmes , sur-tout lorsque, par leur constitution , elles devaient influer beaucoup sur le sexe de leurs enfans (trente-quatre faits).

9°. Les hommes du midi, qui ont épousé des femmes du nord, ont eu plus de filles que de garçons, lorsque aucune autre circonstance n'a dû influer sur le sexe des enfans ; et les hommes du nord, qui ont épousé des femmes du midi, ont eu plus de garçons que de filles (douze faits).

10°. Les hommes grands de taille , ou gros et gras, ont eu plus de garçons que de filles (dix faits).

Note (37).

Les plantes sont douées, comme les animaux, de deux forces antagonistes, l'une absorbante et l'autre exhalante : celle-là appartient essentiellement à leur vie intérieure , et elle a son siége dans les racines ; celle-ci, à leur vie extérieure , et elle siége dans le tronc ou dans les branches.

Dans les sujets où la première prévaut, les racines prédominent sur les branches (les aristoloches); c'est le contraire dans ceux où la seconde prévaut (les conifères). Les uns parviennent rarement à l'état ligneux, ou, s'ils y parviennent, ils ont peu d'écorce et beaucoup de moelle ; leur tige est fistuleuse, leur tissu mucilagineux et azoté ; peu de carbone entre dans leur substance ; leurs étamines se confondent avec leur pistil : ils sont gynandres ou épigynes. Les autres ont un tissu ligneux et inflammable, ou disposé à le devenir ; le carbone et l'hydrogène abondent dans leur substance ; leurs étamines sont séparées et même éloignées de leur pistil ; ils sont périgynes, et très-souvent monoïques ou dioïques.

Telle est la marche générale de la nature : le sexe masculin, qui doit son existence à la prédominance de la vie extérieure, tend à se former vers la surface.

Dans les plantes monoïques, la fleur mâle est ordinairement placée sur les pousses de l'année précédente, sur le bois fait et aisément combustible ; tandis que la fleur femelle naît sur les jeunes pousses, tendres et mucilagineuses.

C'est le centre de la tige qui se continue dans le pistil, ce sont les couches voisines de la surface qui se continuent dans les étamines.

Ces rapprochemens m'ont fait soupçonner que les semences les plus extérieures des plantes dioïques devaient appartenir plus spécialement que les autres au sexe masculin. Ce soupçon, déjà confirmé par les faibles résultats de mes premières expériences, le sera-t-il par les expériences que je me propose de faire, ou que voudront bien faire les personnes que ces questions peuvent intéresser ?

Note (38).

On ne doit pas entendre, par représentations rudimentaires, des représentations en miniature, mais des images latentes dans des formations rudimentaires, et que l'évolution doit amener au type qu'elles sont destinées à reproduire.

Peut-on songer au nombre des choses latentes dans l'animalcule, au nombre des animalcules, à la rapidité de leur formation, qui cependant doit être successive, sans être induit à les considérer avec nous comme des sécrétions spécialement électriques, formées, chacune, dans un intervalle de temps indivisible, autrement que par la pensée?

Note (39).

D'où provient le système vasculaire qui préside à l'évolution de ces animalcules, que nous avons considérés comme des formations spécialement nerveuses? Serait-ce des nerfs mêmes? Mais, d'après les observations de célèbres anatomistes, les nerfs proviennent des vaisseaux.

Il n'est que trop vrai que je suis sans cesse en opposition avec les hommes les plus distingués, et dont j'admire le plus les connaissances et les travaux.

Cependant, le but principal de la théorie des connexions a été d'établir d'incontestables rapports de dépendance entre le système nerveux et le système sanguin. Or, qu'importe au mérite de la découverte que ce soit le système nerveux qui obéisse au système sanguin, ou le système sanguin qui obéisse au système nerveux? C'est évidemment du sang que les nerfs reçoivent leur nutrition; mais c'est pour et par les nerfs que le sang circule, c'est en eux qu'est le foyer d'action. Sont-ils en jeu, le mouvement du sang est accéléré; sont-ils dans l'inertie, le sang s'arrête, ou son mouvement est ralenti. C'est d'eux que partent les nombreuses impulsions qui accroissent les capacités des organes: ils sont le siége de la spontanéité. Le sang est fait pour eux, et ils ne sont pas faits pour le sang; ils s'atrophient dans l'oisiveté, et alors les vaisseaux qui les alimentent s'atrophient aussi, en devenant inutiles. Un nerf manque-t-il par l'effet d'un vice naturel de conformation , les vaisseaux correspondans manquent aussi ; car aucune canse ne détermine leur développement, aucune force n'attire le sang vers leurs derniers rameaux. Enfin, dans l'échelle animale, la formation d'un système nerveux devance celle d'un système sanguin ; les insectes ont des nerfs et n'ont pas de vaisseaux : les nerfs ne sont donc pas le produit des vaisseaux.

Note (40).

Le fœtus vit en parasite sur l'utérus. De même que la mousse languit sur les arbres jeunes et vigoureux et prospère sur les sujets vieux ou faibles, ainsi la vie utérine est d'autant plus longue que le fœtus est plus fort et que la mère est plus vieille.

Je joins ici un tableau que j'ai formé, d'après les notes que M. le vicomte de Vindé a publiées sur la durée de la gestation de ses brebis mérinos pendant trois années : on y verra que la durée de la gestation de la brebis augmente à mesure que l'âge de la mère augmente ou que la mère est moins bien nourrie ; qu'elle est moindre pour les doubles portées que pour les portées simples ; pour les femelles que pour les mâles.

On voit souvent des mères exténuées de maigreur donner des productions vigoureuses ; tandis que des mères d'un embonpoint extraordinaire ne donnent que des avortons. (*Voir le Tableau ci-après.*)

Moyenne durée de la gestation des Brebis d'après les tableaux de M. de Morel Vindé.

AGE DES BREBIS lors de l'accouplement.	PREMIÈRE ANNÉE 1812.			Nombre des		DEUXIÈME ANNÉE 1813.			Nombre des		TROISIÈME ANNÉE 1814.			Nombre des		Moyenne des trois années et des deux sexes.
	Mâles.	Femelles.	Moyennes.	Mâles.	Femelles.	Mâles.	Femelles.	Moyennes.	Mâles.	Femelles.	Mâles.	Femelles.	Moyennes.	Mâles.	Femelles.	
	Jours.	Jours	Jours.			Jours.	Jours.	Jours.			Jours.	Jours.	Jours.			Jours.
1 an ½	151,00	150,69	150,84	13	11	»	»	»	»	»	»	»	»	»	»	150,84
2 ans ½ 1er. agn.	151,20	150,41	150,80	25	22	150,64	151,52	151,08	14	25	151,88	151,58	151,73	34	34	151,00
2 ans ½ 2e. agn..	»	»	»	»	»	152,00	150,43	151,71	14	7	»	»	»	»	»	151,21
3 ans ½	151,37	151,27	151,32	19	15	152,03	150,33	151,18	29	24	152,00	151,87	151,93	37	23	151,78
4 ans ½	150,71	151,80	151,25	21	15	151,55	151,28	151,26	20	21	152,21	152,34	152,27	24	23	151,63
5 ans ½.	152,00	151,60	151,80	11	10	151,73	151,28	151,50	19	18	152,21	152 54	152,37	19	11	151,93
6 ans ½	151,57	152,20	151,88	14	10	151,20	152,00	151,60	10	15	152,10	152,28	152,19	19	18	151,93
7 ans ½	»	»	»	»	»	151,60	152,55	152,07	10	9	152,44	152,14	152,29	18	7	152,25
8 ans ½	»	»	»	»	»	»	»	»	»	»	153,08	150,40	151,74	12	5	151,74
Moyennes des 8 âges	......	......	151,23			......	......	151,46			......	......	152,40			

Nota. La dernière année, le troupeau de M. de Vindé a été moins bien tenu que les précédentes.

La moyenne des portées doubles, calculée sur neuf portées, a été de 150 jours 22 c. Sur ces neuf portées cinq ont duré 149 jours, une 150, une 151, une 152, une 154.

Note (41).

Le mélange des couleurs de l'étalon et de la jument, dans
le poulain, prouve que les représentations du père et de la
mère ne se greffent pas toujours l'une sur l'autre, mais qu'elles existent quelquefois ensemble et sans confusion dans leur
produit, quelque intimes qu'en soient l'entrelacement et le
mélange : d'où l'on peut conclure que les branches nerveuses de chacune de ces représentations conservent dans le
descendant les mêmes relations avec leurs racines (a) correspondantes qu'elles avaient dans l'ascendant. Donc, si le
mâle, par exemple, se reproduit sons les influences spéciales de la vie extérieure, et que, par les nerfs de cette
vie, il appartienne principalement à sa mère, ses formations reproductrices seront procréées sous les influences spéciales, non — seulement de la branche féminine de sa vie
extérieure, mais encore de la même branche, quoique latente, de sa vie intérieure. On peut supposer, à la vérité, que
cette dernière partie doit se reproduire sous les influences
de l'inerte infériorité qui la tient cachée, quoiqu'il soit
bien constant que les formes les plus latentes dans l'ascendant reparaissent souvent sans altération ni déduction dans
le descendant (b) : mais comme la branche latente peut,

(a) Voyez au Chapitre III ce que j'entends par branches et racines nerveuses.

(b) « In lepidorum gente tres, *intermisso ordine,* obducto mem-
» brana oculo, genitos accepimus. — Indubitatum exemplum est
» Nicæi nobilis pyctæ Bizantii geniti, qui adulterio Æthiopis
» natâ matre, nil à cæteris colore différente, ipse avum gene-
» ravit Æthiopum. » (Plin., *Hist. nat., lib.* VII, *c.* 12.)

Des faits analogues se reproduisent tous les jours chez les animaux.

lorsqu'elle cesse d'être contrariée dans son évolution, recevoir une grande activité de ses rapports avec la branche apparente de même nom ; comme d'ailleurs , l'organisation
la plus fortement constituée peut devenir puissante dans la
reproduction , même par la partie la plus faible de sa représentation , il est vraisemblable que souvent le mâle qui
ressemble à sa mère contribue autant et plus que la femelle à transmettre le sexe féminin au produit. Il n'y a
enfin aucune raison de douter que les formes sexuelles des
ascendans ne deviennent latentes dans une première génération, et ne reparaissent dans une seconde aussi souvent
que toute autre forme.

Je rappellerai ici l'histoire du puceron, dont on s'est tant
prévalu à l'appui d'idées contraires aux miennes. Cet in-
secte, qui passe sa vie immobile sur les tiges des plantes
herbacées , se reproduit, sans le concours du mâle, aux
époques de la plus grande prédominance de son tissu cellulaire. Or, pourquoi en serait-il autrement? Qu'a-t-il besoin de mâle pour se perpétuer dans son état de nullité de
toute vie d'action ? et comment, dans l'exubérance de sa
vie de végétation, produirait-il des mâles ? Il en produit
quelques-uns cependant, lorsque cette puissance végétative
va bientôt s'éteindre. Le sexe masculin est donc latent dans
la femelle du puceron, jusqu'à ce que le lien qui l'enchaîne
soit trop faible pour le contenir : il reparaît alors, et la
femelle seule le reproduit. Elle peut donc procréer des
mâles à elle seule. Toutes ses formations sont douées d'un
système nerveux, elles ne sont donc pas purement cellulaires ; elles sont cellulo-nerveuses , et c'est tout ce qu'il faut
pour la reproduction d'animaux cellulo-nerveux.

Les rapports de forme et de dimension observés par

M. Geoffroy Saint–Hilaire entre le clitoris de la taupe fe—
melle et la verge de la taupe mâle n'annoncent—ils pas
que le clitoris remplit dans celle-là les mêmes fonctions que
la verge dans celui—ci, c'est-à-dire qu'il sécrète à la surface du canal des élémens nerveux comme très—probablement la verge en sécrète?

NOTE (42).

On ne doit pas perdre de vue que les deux vies sont
dans un état continuel d'antagonisme et d'oscillation, et
que c'est la durée plus ou moins longue des intervalles de
prédominance d'une vie qui en constitue l'exubérance ou
l'atonie. Il y a donc toujours formation d'animalcules sous
l'influence alternative d'une dès deux vies ; mais les rapports numériques de ces animalcules varient comme les rapports de ces puissances. Ainsi, par exemple, dans l'exaltation de la vie extérieure, il y aura quatre animalcules
formés sous l'influence de cette vie contre un seul formé
sous l'influence de la vie intérieure, et ce sera le contraire
dans l'exubérance de la vie intérieure. Il est probable aussi
que les animalcules formés sous les influences d'une vie,
à l'époque de sa prédominance, sont plus forts dans leurs
attributs, représentent plus parfaitement leur sujet que
ceux qui sont procréés à l'époque de son atonie. Cependant
le hasard, qui, sous des lois générales, préside au rapprochement des animalcules fournis par les deux sexes, peut
unir le fort au faible ; et en ce cas, le fort, quoique formé
sous les influences de la vie extérieure, décide du sexe du
produit ; ou il en détermine les formes, quoique procréé
sous les influences de la vie intérieure et quoiqu'il appartienne à des formes latentes.

20

Si l'on conçoit bien cette théorie, on voit qu'il est impossible de prédire avec assurance le sexe qui doit résulter
d'un seul accouplement, mais qu'on peut prédire, sans de
grandes chances d'erreur, quel sexe doit prédominer dans
les produits d'un grand nombre d'accouplemens. Ainsi mille
brebis de quatre à cinq ans, bien nourries, bien reposées
et saillies par des agneaux de huit à dix mois, donneront
certainement plus de femelles que de mâles ; mais nul ne
peut prédire, avec certitude, quel sexe produira chacune
de ces brebis. Si je prends une grande poignée de petites
boules dans une urne où le nombre des blanches soit à
celui des noires :: 10 : 1 , il est presque certain que j'aurai pris plus de boules blanches que de boules noires ;
mais si je n'en prends qu'une , je ne puis m'assurer qu'en
la regardant si elle est noire ou blanche.

Les prédictions que je me suis permises sur les sexes à
naître n'ont eu d'autre fondement qu'un calcul de proba-
bilités. Elles ont été quelquefois démenties par l'événement
lorsqu'elles ne se sont rapportées qu'à un petit nombre de
sujets ; mais il les a toujours confirmées lorsque ce nombre
a été grand.

Note (43).

MM. Prévôt et Dumas n'ont pas aperçu d'animalcules
dans le sperme du mulet (*Annales des sciences naturelles*) :
il doit y en avoir cependant dans celui des mulets qui se
reproduisent.

Note (44).

Le mulet est plus fort que l'âne et que le cheval.
Voyez dans les *Annales de l'agriculture française ,* fé-

vrier 1826 , l'Extrait par M. Huzard fils d'un excellent travail de M. Henri Kline , *Sur la force des animaux relativement à leur amélioration.*

Note (45).

Lorsque les Anglais ont voulu améliorer leurs chevaux par les étalons arabes , ils ont mieux réussi avec les jumens qui n'appartenaient à aucune race qu'avec les jumens de race. J'ai cru arriver plus promptement à la finesse des laines par le croisement des brebis roussillonnaises avec des béliers mérinos , que par celui des brebis de l'Aveyron avec les mêmes béliers, et je me suis trompé. La race roussillonnaise, étant sans doute plus ancienne et douée d'une force motrice relativement plus grande que la race de l'Aveyron , a lutté avec plus d'avantage que celle-ci contre la race mérinos ; et après vingt-cinq années de croisemens successifs , je retrouve encore dans les sujets issus de mes roussillonnaises le type primitif de celles-ci , c'est-à-dire une laine rare , longue , tire-bouchonnée , des pattes rousses et le museau roux ; tandis que les croisemens de même date avec la race de l'Aveyron ne se distinguent plus depuis long-temps de la race d'Espagne.

J'ai allié une très-belle jument de race navarrine , qui provenait de croisement de cette race avec le *Mahomet* arabe distingué ; je l'ai alliée, dis-je, elle et deux de ses filles nées du *Diczzar*, autre étalon arabe , que Napoléon avait amené d'Egypte , avec l'*Héliopolis* , sorti aussi des écuries de Napoléon. A l'exception de deux pouliches, qui ont parfaitement ressemblé à l'Héliopolis, tant par la couleur que par les formes , tous les autres produits ont ressemblé aussi par-

faitement à cette jument, qui elle-même avait, à un très-
haut degré, les formes navarrines. Il n'y a pas eu ici de
fusion, de mélange, de combinaison, et les produits ont
été ou complétement navarrins ou complétement arabes.

Note (46).

Les Arabes s'informent bien plus de l'origine des jumens
que de celle des étalons ; et cette méthode, chez un peuple
qui met une si haute importance à conserver la pureté du
sang de ses chevaux, qui tient note de leur généalogie avec
plus de soin que dans beaucoup d'états on ne tient les notes
généalogiques des premières familles, ne peut être rapportée qu'à une observation constante.

MÉMOIRE

sur

LA DISTRIBUTION ET LES RAPPORTS DES DEUX SEXES EN FRANCE,

Par M. Ch. GIROU DE BUZAREINGUES,

CORRESPONDANT DE L'ACADÉMIE ROYALE DES SCIENCES,

Lu à l'Académie royale des Sciences de l'Institut, le 9 Novembre 1828.

Je vais avoir l'honneur d'entretenir l'Académie des rapports numériques des deux sexes dans les naissances du royaume, et des principales causes de ces rapports.

Des observations que j'ai déjà communiquées à l'Académie, on est induit à conclure que le sexe masculin est le résultat de la prédominance de la force motrice.

Très-convaincu de la vérité et de la généralité de cette proposition, j'ai conçu et exécuté le dessein de la vérifier, ou plutôt de la confirmer par la comparaison du rapport des deux sexes dans les relevés des naissances, tant des enfans naturels que des enfans légitimes, inscrits sur les tableaux des mouvemens de la population en France, depuis 1817 jusqu'en 1827 inclusivement.

J'ai donc consulté d'abord les tableaux statistiques déjà publiés de la ville de Paris; et je dois à M. Villot la communication de ceux qui sont encore sous presse. J'ai obtenu, en outre, du Ministre de l'intérieur la permission de consulter ceux du mouvement de la population dans les départemens, et j'en ai extrait toute la partie des naissances et des mariages; travail long et ennuyeux, que je n'aurais certainement pas entrepris si je n'avais été assuré d'avance d'en obtenir le résultat que j'en attendais; si je n'avais été excité par l'espérance que le succès de cette entreprise serait agréable à l'Académie.

La partie positive de ce mémoire est certainement bien près d'une rigoureuse exactitude, et l'on peut consulter avec confiance les tableaux qui en sont la base, car je n'ai négligé aucun moyen d'en écarter l'erreur. Quant à la partie rationnelle, elle peut paraître plus ou moins hypothétique ou incomplète, et je n'ai garde de croire qu'on ne puisse faire mieux.

Ici, je n'ai pas dû chercher des rapports particuliers dans des faits particuliers, mais des rapports généraux dans des masses.

Avant d'entretenir l'Académie des résultats immédiats que j'ai obtenus des tableaux des naissances, je vais lui communiquer d'abord les déductions que j'ai tirées des tableaux des décès.

Dans le courant des années 1816, 17, 18 et 19, 3,965 sujets du sexe masculin et 5,577 du sexe féminin sont morts de phthisie dans la ville de Paris : ces deux nombres sont entre eux :: 711 : 1,000.

Dans chaque saison et dans chaque période de dix années, depuis la naissance jusqu'à l'âge de cinquante ans, le nombre des décès féminins déterminés par cette maladie a été de beaucoup supérieur à celui des décès masculins : ainsi, quand même on supposerait que les relevés ou les états en ont été faits avec peu de soin, on ne pourrait s'empêcher d'en conclure qu'au total il a péri de phthisie, dans ces quatre années, bien plus de femmes que d'hommes : mais la phthisie est presque toujours héréditaire et passe plus sûrement de la mère au garçon que de la mère à la fille. Cet excédant de décès féminins indique donc un excédant de naissances féminines dans les familles dont les mères sont ou phthisiques ou prédisposées à le

devenir ; car on ne supposera pas que les garçons reçoivent moins facilement cette maladie
que les filles , ou en réchappent plus souvent :
cette supposition serait repoussée par les faits.

Parmi les enfans morts-nés dans la ville de
Paris, on compte pour les onze dernières années 9,048 garçons et 7,241 filles, ou 1,000
garçons sur 802 filles. On a rapporté cet excédant des garçons morts-nés à la taille ou
au volume des fœtus masculins ; mais s'il
en est quelques-uns qui périssent, parce que
l'accouchement en devient trop laborieux, le
nombre en est petit, et la plupart ne meurent
que parce qu'ils sont trop chétifs pour vivre :
ce n'est point seulement avant la naissance,
mais encore après cette époque et jusqu'à l'âge
d'un an, que le nombre des décès masculins
est de beaucoup supérieur à celui des décès féminins, et dans un rapport à-peu-près le même
que chez les morts-nés : or, il est très-probable
que c'est à une même cause, la débilité, que
l'on doit rapporter cette similitude d'effets. On
peut s'assurer d'ailleurs que les enfans mâles
s'éloignent, au moment de la naissance, bien
plus que les filles, du volume moyen, et qu'il
en est à-peu-près autant en dessous qu'en dessus de ce volume.

Je passe aux faits que j'ai recueillis dans les tableaux des naissances et des mariages.

Le rapport moyen, pour toute la France, des filles aux garçons est, dans les naissances légitimes, et calculé sur 9,703,699 naissances, de 937 à 1,000.

Ce même rapport, dans les naissances hors mariage, et calculé sur 734,198 naissances, est de 955 à 1,000. Puisque j'adopte une valeur constante (1,000) pour le terme de ces rapports qui est relatif au sexe masculin, je m'abstiendrai de la reproduire dans la désignation de chaque rapport, et je ne parlerai que de la valeur variable, qui est relative au sexe féminin : ainsi, par cette expression, *le rapport est* 955, j'entendrai le rapport des filles aux garçons est de 955 à 1,000.

Les rapports des sexes ne sont ni égaux dans les deux ordres de naissances, ni constans dans toute la France, et dans tous les mois de l'année. Leurs variations sont accompagnées de celles des rapports de l'oisiveté au travail, de l'abondance au besoin, de la civilisation à la rusticité, de l'industrie manufacturière, ou de celle qui ne demande que le développement de l'intelligence ou de l'adresse, à l'industrie rurale ou à celle qui exige le déploiement de la force ; des mœurs libres ou dissolues, aux mœurs sévères ; de l'influence des villes sur le total des naissances, à celle des campagnes ; ou, en un mot, de la force sensitive à la force motrice.

Ce n'est pas essentiellement que les naissances hors mariage présentent un plus grand nombre de filles que les naissances légitimes, mais parce qu'elles appartiennent en grande partie à la population des villes, qui procrée plus de filles soit légitimes, soit naturelles, que celle des campagnes.

Dans le département de la Seine, le rapport des sexes est, pour les naissances légitimes, 961 : ce même rapport est, dans Paris seulement, 964. L'influence de la Capitale sur cet ordre de naissances y est donc modifiée sensiblement, même dans ce département, par celle des campagnes ; mais il n'en est pas ainsi des naissances hors mariage, où le rapport est 967, tant pour tout le département que pour Paris seulement, parce que, dans cet ordre de naissances, l'influence de Paris ne peut être modifiée que d'une manière insensible par celle des arrondissemens ruraux.

L'influence des grandes villes est d'autant moindre sur les naissances légitimes qu'elle est plus grande sur les naissances hors mariage, parce qu'on y fait d'autant moins d'enfans légitimes qu'on y fait plus d'enfans naturels. Ainsi à Paris, où le nombre des enfans légitimes est à celui des mariages :: 1000 : 382, il est à celui des enfans naturels :: 10,000 : 4,711 ; tandis que, pour toute la France, le premier de ces rapports est 1,000 à 254 et le second 10,000 à 756. Dans la Seine-Inférieure, on a pour le terme variable de ces rapports 1°. 292, 2°. 1,262.

L'influence des grandes villes sur les naissances légitimes diminue par la cause même qui semblerait devoir l'augmenter, je veux dire par la licence ou la liberté des mœurs, ou leur affranchissement des lois religieuses. Ainsi, une ville où l'on fait peu d'enfans n'a pas l'influence d'une autre ville d'égale population où l'on en fait le double, toutes choses étant égales d'ailleurs.

L'influence des villes sur les naissances hors mariage augmente ou diminue par les circonstances, qui diminuent ou qui augmentent celle des campagnes.

Enfin ces deux puissances peuvent agir d'accord ou se contrarier, soit dans les deux ordres de naissances, soit dans un seul ; et c'est par l'étude des rapports de leur action que l'on peut en calculer les résultantes et leurs effets. Mais ces rapports dépendent souvent de plusieurs circonstances qui les rendent difficiles à être déterminés.

Je n'ai donc pas la prétention de tout résoudre ; mais je vais faire en sorte de montrer, par l'application de ma théorie, qu'elle est vraie, et qu'elle peut donner la solution de plusieurs faits que l'on a crus jusqu'ici dirigés par le hasard.

La distribution des sexes dans les naissances hors mariage de la ville de Paris nous offre la preuve que les femmes les plus pauvres sont aussi celles qui font le plus de garçons ; car nul doute que les femmes réduites à la nécessité d'accoucher dans les hôpitaux ne soient, au total, plus pauvres que celles qui accouchent dans leur domicile. Or, dans les naissances hors mariage, et à domicile, on compte, depuis 1817 jusqu'à 1827 exclusivement, 26,062 filles et 26,674 garçons : rapport, 977 ; et dans les naissances du même ordre et aux hôpitaux, on compte 25,329 filles et 26,469 garçons : rapport, 95. Le nombre relatif des filles est donc supérieur à la moyenne dans les unes et inférieur dans les autres. Dans ces résultats sont compris indifféremment les enfans reconnus et non reconnus, tant des naissances à domicile que des naissances aux hôpitaux.

Si l'on compare les rapports des sexes dans les naissances légitimes, pendant la même période de onze années, des divers arrondissemens de la ville de Paris, on trouve que les dixième et premier arrondissemens, qui se composent, l'un des quartiers de la Monnaie, de Saint-Thomas d'Aquin, du faubourg Saint-Germain ; l'autre, des quartiers du Roule, de la place Vendôme, des Tuileries et des Champs-Élysées, donnent, le premier, 986, et le second 981, au lieu de la moyenne 964 ; tandis que le neuvième arrondissement, qui se compose des quartiers de l'île Saint-Louis, de l'Hôtel-de-Ville, de la Cité et de l'Arsenal, et qui occupe l'autre extrémité de la série, ne donne que 941.

Avant de parler de mes recherches générales, je dois communiquer à l'Académie deux observations particulières, faites dans mon département, qui m'ont donné la première idée de ces recherches.

Le département de l'Aveyron offre une grande variété de sol, de climat, d'occupations, de mœurs.

Dans la partie schisteuse appelée *Ségala*, on

cultive spécialement le seigle et la pomme de terre ; dans la partie calcaire appelée *Causse*, on cultive le froment et l'orge ; dans les vallées profondes de la partie occidentale et sur les revers escarpés des hautes collines qui les forment, on cultive la vigne ; au nord, sont de hautes montagnes basaltiques, où croissent des plantes subalpines et où l'on ne trouve que des pâturages pour les bestiaux.

Dans le Ségala, la population a quelque chose de plus féminin que dans le Causse : les hommes y sont moins grands, moins forts; ils y ont moins de barbe ; leur voix est moins grave et leurs mœurs sont moins âpres : or, des aperçus généraux m'ont laissé convaincu qu'il y naissait aussi plus de filles que sur la partie calcaire.

Les habitans du vallon de Marsillac, point central de la plus grande culture de la vigne, tiennent un peu de ceux du Ségala ; mais ils sont plus violens, plus emportés, et la force sensitive est en eux bien plus exaltée : ils usent souvent leur force motrice dans l'ivresse.

J'ai obtenu en 1827 un relevé des naissances légitimes, des vingt années immédiatement antérieures, dans le chef-lieu de ce canton ; le rapport des filles aux garçons y a été de 982 : ce même rapport est 948 pour tout le département.

Dans ce même département, les travaux des campagnes s'ouvrent spécialement au mois d'avril et se terminent vers la fin d'octobre : les filles y sont appelées, comme les garçons. Au mois de juillet, époque de la moisson, on trouve dans les champs presque autant de femmes que d'hommes occupés du sciage des blés. On ne peut se faire une idée de l'activité qu'on apporte au travail qui est fait alors, et de la modicité de la nourriture consommée. Depuis l'aurore jusqu'à la fin du jour, le moissonneur reste courbé sur sa faucille et ne reçoit pour toute nourriture que du pain d'avoine; ses autres alimens, non moins grossiers, méritent à peine d'être mentionnés : cependant il danse très-souvent encore après le repas du soir. Les moissonneurs à la journée, sans distinction de sexe, se retirent ensuite confondus dans les granges.

Il résulte de cet état de choses que les enfans naturels qui proviennent des fécondations de la période des travaux sont relativement plus nombreux que ceux qui sont procréés dans le restant de l'année. La moyenne des naissances hors mariage fournies par onze années (de 1817 à 1827), et qu'on peut rapporter à cette période, est 490 par mois; tandis que celle des autres cinq mois est 391 : or, dans ces naissances, le rapport des filles aux garçons est 898 pour la première période, et 1,015 pour la seconde : il est 856 dans les naissances qui proviennent des mois de juin, et 894 dans celles qui se rapportent aux fécondations de juillet.

Cette distribution des naissances et des sexes est remarquable, parce qu'elle contraste avec celle du grand nombre de départemens où la période des travaux de la campagne produit le moins d'enfans naturels, et parmi eux le plus de filles.

Guidé en partie par les précédentes observations, j'ai fait les tableaux qui accompagnent ce mémoire, et que j'ai l'honneur de présenter à l'Académie (1).

Dans le tableau n°. 1, on trouve :

1°. Le relevé général, par département et par année, des naissances légitimes et hors mariage, avec distinction des sexes, d'après les tableaux envoyés au Ministère de l'intérieur par MM. les Préfets, depuis 1817 jusqu'en 1827 inclusivement, à l'exception, pour la dernière année, de quelques départemens, au nombre de quatorze, dont les Préfets n'ont pas encore fait cet envoi ;

---

(1) Ces tableaux seront imprimés séparément ; on les trouvera chez Madame Huzard, libraire.

2°. Le rapport des sexes dans les deux ordres de naissances ;

3°. Celui des naissances hors mariage aux naissances légitimes ;

4°. Le relevé général, par année et par département, des mariages, depuis 1817 jusqu'en 1826, ou jusqu'en 1825 seulement, pour les départemens dont on n'a pas reçu les états de 1827;

5°. Le rapport des naissances légitimes aux mariages pendant les années où elles ont pu recevoir une influence des mariages dont le relevé a été fait.

Le tableau n°. 2 présente :

1°. Le relevé général, par département et par mois, de chacun des deux ordres de naissances, avec distinction des sexes ;

2°. Le rapport des sexes dans les divers mois et dans les deux ordres de naissances.

Ici, les relevés des naissances légitimes ne sont faits que depuis 1818 jusque et compris 1827, ou jusqu'à 1826 seulement, pour le petit nombre de départemens dont on n'a pas reçu 1827.

Quant au relevé des naissances hors mariage, il comprend toutes celles qui sont mentionuées dans les cartons du Ministère de l'intérieur, depuis 1817 jusqu'à ce jour.

Dans ces deux tableaux, les départemens sont divisés en quatre catégories, dont les caractères sont fondés sur les rapports des filles aux garçons dans les naissances légitimes, et dans les naissances hors mariage.

J'ai adopté l'ordre alphabétique dans chaque catégorie, parce que l'ordre numérique du rapport des sexes ne m'a pas semblé meilleur, et qu'une autre classification, d'après des rapports moins positifs, eût pu paraître arbitraire.

La première catégorie comprend les départemens où, dans les deux ordres de naissances, le nombre des filles est au-dessus de la moyenne.

Dans la deuxième, sont ceux où le sexe féminin est égal ou supérieur à la moyenne dans les naissances légitimes; et inférieur, dans les naissances hors mariage.

La troisième réunit les départemens où le sexe féminin est égal ou inférieur à la moyenne dans les naissances légitimes, et supérieur dans les naissances hors mariage.

La quatrième enfin embrasse tous les départemens où le sexe féminin est au-dessous de la moyenne dans les deux ordres de naissances.

Il en est de cette classification, comme de toutes les classifications : elle sépare des choses contiguës. Les termes qui se trouvent sur les limites de deux catégories peuvent aisément passer de l'une dans l'autre, et n'ont de caractère propre que celui qui convient aux deux séries dont ils sont le lien.

Les rapports des sexes sont bien variables; dans six départemens, celui des filles aux garçons ne diffère que très-peu des $\frac{9}{10}$ pour les naissances légitimes; dans Lot-et-Garonne, il est même inférieur aux $\frac{9}{10}$; tandis que, dans la Haute-Saône, il est représenté par 972. Dans douze départemens, il est inférieur aux $\frac{9}{10}$ pour les naissances hors mariage; et, dans huit, ce même ordre de naissances donne réellement plus de filles que de garçons.

La première catégorie comprend les départemens suivans :

Ain, Aude, Bouches-du-Rhône, Eure-et-Loir, Haute-Garonne, Gironde, Marne, Nord, Oise, Puy-de-Dôme, Rhône, Saône-et-Loire, Seine, Vaucluse et Yonne.

L'Aude appartiendrait rigoureusement à la deuxième catégorie.

Les départemens de l'Oise et de Saône-et-Loire sont sur les limites de cette catégorie et de la troisième.

On remarque ici l'influence générale de l'industrie manufacturière et commerciale, et celle des grandes villes, sur la procréation du sexe féminin, on y trouve à-peu-près les premières villes de France. S'il est quelques départemens qu'on est étonné de ne pas y voir, on les rencontre dans la troisième catégorie, qui leur convient encore mieux, et où ils deviennent remarquables.

Dans cette première catégorie, on n'aperçoit pas même une apparence d'anomalie. Les départemens de la Marne, du Puy-de-Dôme et de l'Aude, ont chacun plusieurs villes assez considérables pour que leur population totale représente celle d'une grande ville, et les élève au niveau de la Haute-Garonne. L'industrie manufacturière est d'ailleurs d'une grande importance dans les départemens de l'Aude et de la Marne. Quant à ceux de l'Ain et d'Eure-et-Loir, je les considère comme des annexes de Lyon ou de Paris. Le département de l'Oise est aussi très-voisin de Paris, et il est contigu, dans tout son périmètre, à des départemens qui figurent dans la troisième catégorie.

Saône-et-Loire reçoit les influences du Rhône et de l'Aisne et encore celle de la Côte-d'Or, qui fait partie de la troisième catégorie.

Les départemens de l'Yonne et de Vaucluse sont ceux qui produisent proportionnellement le plus de filles : le nombre y en est plus grand, dans les naissances hors mariage, que celui des garçons. Or, si je suis bien instruit, les mœurs des habitans de ces deux départemens, leur caractère, leur intelligence, leur industrie, soit manufacturière, soit commerciale, les distinguent du reste de la France.

Cette catégorie présente les résultats généraux suivans :

1°. Le nombre total des naissances légitimes est 2,074,889, celui des naissances hors mariage 259,002.

2°. Le rapport moyen des sexes est, dans les naissances légitimes, 947; et dans les naissances hors mariage, 974 : celui des naissances légitimes aux naissances hors mariage : : 10,000 : 1,248, et celui des naissances légitimes aux mariages : : 1,000 : 272.

La deuxième catégorie se compose des départemens suivans :

Aisne, Aveyron, Calvados, Charente-Inférieure, Côtes-du-Nord, Eure, Finistère, Hérault, Indre, Landes, Haute-Loire, Manche, Haute-Marne, Pas-de-Calais, Hautes-Pyrénées, Bas-Rhin, Haut-Rhin, Haute-Saône, Tarn, Var.

L'Aisne, la Charente-Inférieure, le Finistère,

l'Indre et le Var sont sur les limites de la première catégorie.

Le Bas-Rhin, la Haute-Loire, la Haute-Marne,
le Tarn et le Var sont sur les limites de la quatrième catégorie.

Le Var présente à-peu-près la moyenne pour
les deux ordres de naissances.

On n'est pas surpris de voir ici le sexe féminin s'élever au-dessus de la moyenne dans les
naissances légitimes ; car on y remarque la prédominance de l'industrie manufacturière ou
pastorale sur l'agriculture appliquée aux céréales.

Le Calvados, la Charente-Inférieure, les Côtes-du-Nord, l'Eure, le Finistère, les Landes,
l'Hérault, la Manche, le Pas-de-Calais, le Var
offrent une suite de départemens maritimes,
où la culture des céréales est, pour ainsi dire,
secondaire, et qui reçoivent certainement de
grandes influences de l'industrie commerciale.
D'ailleurs les départemens de l'Aisne, de l'Eure,
de l'Hérault, de la Haute-Marne, du Bas-Rhin,
du Haut-Rhin, de la Haute-Saône et du Tarn
sont évidemment sous les influences de l'industrie manufacturière.

Dans cette catégorie, composée de vingt départemens, on n'en trouve que six qui appar-

tiennent au centre de la France , dont trois de montagnes , où l'industrie pastorale prédomine nécessairement sur l'agriculture ; un quatrième, le Tarn , qui appartient en grande partie aux montagnes , et qui déjà rivalise , par ses manufactures de Castres et de Mazamet , avec l'Eure ou la Somme ; l'Indre , où l'on cultive la vigne bien plus que le froment , où l'on trouve des landes étendues , et qui fournit à nos manufactures près de 900,000 kilogrammes de laine d'excellente qualité ; la Haute-Marne , enfin , célèbre par sa coutellerie de Langres.

Sur ces six départemens intérieurs , trois sont sur les limites de la quatrième catégorie.

La Haute-Saône est de tous les départemens celui où le sexe féminin prédomine le plus dans les naissances légitimes : or n'est-il pas aussi celui où l'industrie manufacturière est le plus généralement répandue ? Elle y est par-tout ; elle y occupe toute la population et s'applique à une grande variété d'objets. Plus de 4,000 ouvriers y préparent le fer ; plus de 5,000 y filent le coton , le chanvre , la laine ; plus de 2,000 y sont employés à la papeterie, à la draperie, aux distilleries : c'est enfin à ses excellentes prairies que ce département doit sa principale richesse territoriale.

22.

Je ferai observer que, sur vingt-trois départemens maritimes que l'on compte en France, nos deux premières séries, qui ne comprennent ensemble que trente-cinq départemens, en possèdent quatorze.

Comment se fait-il cependant que, dans les naissances hors mariage de cette deuxième catégorie, le nombre de filles y soit au-dessous de la moyenne?

Je découvre une première cause de ce fait dans l'influence des militaires sur cet ordre de naissances dans les départemens qui reçoivent ordinairement des troupes, soit de terre, soit de mer.

J'en aperçois une seconde dans l'influence très-vraisemblable des voyageurs, du commerce, pour les départemens de l'Eure, du Tarn et de l'Hérault.

J'en vois enfin une troisième pour les départemens de l'Aveyron, de l'Indre, de la Haute-Loire et de la Haute-Marne, et probablement encore pour les Côtes-du-Nord et les Landes, dans la modicité de leur population urbaine, comparée à la population départementale.

Le département des Hautes-Pyrénées nous offre une preuve bien remarquable de l'influence militaire.

Vers la fin de 1819, le Gouvernement français donna l'ordre d'y faire filer des troupes pour garder les passages des Pyrénées. Ces troupes y sont restées disséminées dans divers cantonnemens jusqu'en 1823, époque de la guerre d'Espagne.

Le nombre moyen des naissances hors mariage de ce département avait été 421 pour ces quatre années 1817, 1818, 1819 et 1820, et le nombre relatif des filles dans ces naissances, 864.

Pendant les quatre années 1821, 1822, 1823 et 1824, ces nombres ont changé très-sensiblement : celui de la moyenne des naissances s'est élevé jusqu'à 605, et l'augmentation a été distribuée presque également dans les quatre années; celui du rapport des filles aux garçons est descendu à 733.

Après 1824, ces nombres ont changé encore subitement et très-sensiblement. La moyenne des naissances hors mariage est descendue à 420 pendant les années 1825, 1826 et 1827; c'est-à-dire qu'elle est redevenue ce qu'elle était avant 1821, et le nombre moyen et relatif des filles s'est élevé à 926.

L'influence militaire, qui est celle de la force, je ne dis pas de la violence, est trop sensible, comme nous aurons l'occasion de l'observer encore dans les départemens qui reçoivent des garnisons, et sur-tout dans le Bas-Rhin, pour qu'il soit possible de la méconnaître.

Cette deuxième catégorie donne les résultats généraux suivans :

1°. Nombre total des naissances légitimes, 2,470,962; des naissances hors mariage, 157,523.

2°. Rapport moyen des sexes dans les naissances légitimes, 946; dans les naissances hors mariage, 923.

3°. Rapport moyen des naissances légitimes aux naissances hors mariage : : 10,000 : 637.

4°. Rapport moyen des naissances légitimes aux mariages : : 1,000 : 242.

La troisième catégorie se compose des départemens suivans : les Basses-Alpes, les Hautes-Alpes, l'Ardèche, l'Aube, la Corrèze, la Côte-d'Or, la Creuse, la Dordogne, la Drôme, l'Isère, le Jura, Loir-et-Cher, la Loire, la Loire-Inférieure, le Loiret, Maine-et-Loire, la Mayenne, le Morbihan, l'Orne, les Basses-Pyrénées, la Seine-Inférieure, Seine-et-Marne, Seine-et-Oise, la Somme, la Haute-Vienne et les Vosges.

Le Jura, le Morbihan, les Basses-Pyrénées, la Haute-Vienne sont sur les limites de la première catégorie.

Dans les naissances légitimes des départe-

mens les plus riches, les plus fertiles de la
France, comme dans celles des départemens
les plus infertiles, le rapport des filles aux garçons s'abaisse au-dessous de la moyenne; et,
ici comme là, ce même rapport s'élève bien au-
dessus de la moyenne pour les naissances hors
mariage. Qui pourrait, en voyant cette similitude des résultats sous des circonstances opposées, ne pas croire qu'ils sont indépendans de
ces circonstances?

Dans les Basses-Alpes, la Corrèze, la Creuse,
la Haute-Vienne, les rapports des sexes sont à-
peu-près les mêmes pour les deux ordres de
naissances, que dans Seine-et-Oise et Seine-et-
Marne. Ici et là, le rapport des filles aux garçons est au-dessous de la moyenne dans les
naissances légitimes, et au-dessus de l'égalité
dans les naissances hors mariage.

Ce fait, qui semble d'abord inexplicable, n'est
qu'une conséquence des lois dont je fais l'application.

La partie forte de la population des départemens infertiles, tels que les Basses-Alpes ou la
Corrèze, émigre tous les ans, et ne contrebalance point par son influence celle de la partie
faible sur les naissances hors mariage, qui doi-

vent, par conséquent, présenter beaucoup de filles.

La partie faible de la population des départemens les plus voisins de la capitale, tels que Seine-et-Oise et Seine-et-Marne, évite de se marier, ou, si elle se marie, elle fait peu d'enfans ; elle ne contrebalance donc point par son influence celle de la partie forte des mêmes départemens dans les naissances légitimes, qui doivent, par conséquent, présenter beaucoup de garçons.

La même théorie expliquera, si je ne m'abuse, les variations du rapport des sexes dans les naissances des divers mois de l'année. Elle s'applique à tous les départemens de cette catégorie, qui sont presque tous sous l'influence de l'agriculture appliquée aux céréales, ou qui échappent, dans leurs naissances légitimes, à l'influence de leurs grandes villes par l'effet des mœurs, qui diminuent cette influence, en en diminuant les produits.

Je ne m'arrêterai point à montrer que les Hautes et les Basses-Alpes, l'Ardèche, la Drôme, le Jura, la Corrèze, la Creuse, la Dordogne, la Haute-Vienne, doivent obéir à des lois communes ; que Loir-et-Cher, le Loiret, Seine-et-Oise, l'Oise, la Seine-Inférieure, la Somme,

Seine-et-Marne, l'Aube, la Côte-d'Or, ont entre eux de grandes affinités; qu'il en est de
même de l'Orne, de la Mayenne, de Maine-
et-Loire, de la Loire-Inférieure et du Morbihan.

Les Basses-Pyrénées, la Loire et les Vosges
se présentent ici isolés; mais le premier est sur
la limite de la première catégorie, et j'eusse dû
peut-être l'y comprendre; le second reçoit les
influences de Lyon, et le troisième est sur les
limites de la quatrième catégorie.

Les résultats généraux de la troisième catégorie sont :

1°. Total des naissances légitimes, 2,894,806;
des naissances hors mariage, 191,826.

2°. Rapport moyen des sexes dans les naissances légitimes, 931; dans les naissances hors
mariage, 984.

3°. Rapport moyen des naissances légitimes
aux naissances hors mariage : : 10,000 : 662.

4°. Rapport moyen des naissances légitimes
aux mariages : : 1,000 : 251.

La quatrième catégorie comprend les départemens suivans :

L'Allier, l'Ariège, les Ardennes, le Cantal,
la Charente, le Cher, la Corse, le Doubs, le
Gard, le Gers, Ille-et-Vilaine, Indre-et-Loire,

le Lot, Lot-et-Garonne, la Lozère, la Meurthe, la Meuse, la Moselle, la Nièvre, les Pyrénées-Orientales, la Sarthe, les Deux-Sèvres, Tarn-et-Garonne, la Vendée, la Vienne.

Cette catégorie se dessine très-distinctement; aucune affinité apparente, si ce n'est celle du Bas-Rhin et du Var, ne l'unit aux autres. Il y a au contraire des affinités très-sensibles entre ses élémens.

Le Gard, la Lozère, le Cantal, le Lot, Tarn-et-Garonne, le Gers, Lot-et-Garonne, la Dordogne, la Charente, la Vienne, la Vendée, Indre-et-Loire, la Sarthe, forment une chaîne continue dans laquelle, quelquefois, plusieurs anneaux se rattachent à un seul. Cette chaîne n'est séparée de l'Allier et du Cher, qui sont contigus entre eux et avec la Nièvre, que par le département de l'Indre; elle décrit une courbe irrégulière, qui d'une de ses extrémités s'appuie sur le Cantal, d'où elle se dirige vers le midi, et de là vers l'ouest, pour se replier ensuite vers le centre et se terminer sur le Puy-de-Dôme, au pied des mêmes montagnes d'où elle est partie. Elle couvre les départemens calcaires des régions qu'elle traverse, et elle passe entre les contrées maritimes et les montagnes schisteuses de ces régions. C'est sous l'influence de la petite culture et des mœurs rurales qu'elle se forme ; l'industrie manufacturière n'en intercepte pas la progression.

Dans cette catégorie, il n'y a de départemens maritimes que la Corse, le Gard, les Pyrénées-Orientales, Ille-et-Vilaine et la Vendée ; et l'on n'est pas étonné de les y rencontrer lorsqu'on connaît les mœurs de leurs habitàns. Ille-et-Vilaine et le Gard ne touchent à la mer que sur une petite étendue et méritent à peine le nom de départemens maritimes.

Le département de Lot-et-Garonne, celui de toute la France où naissent proportionnellement le moins de filles, est sous la double influence de la petite culture, appliquée spécialement au froment, et de la religion réformée, qui contribue à y rendre, ainsi que dans le Gard, les mœurs des catholiques plus sévères.

Le même département nous offre un second exemple de l'influence militaire. Le Gouvernement y envoya des troupes vers la fin de 1819. Les naissances hors mariage, qui, avant 1821, ne s'y étaient pas élevées au-delà de 443, s'élevèrent en 1821 à 537 : ce nombre n'a plus été aussi fort depuis ; le nombre relatif des filles, dont la moyenne est 875, y descendit alors à 851 et l'année suivante à 701.

Autorisé par cette observation, et encore par celle que m'a fournie le département des Hautes-Pyrénées, ou celui du Bas-Rhin dont les naissances hors mariage donnent un nombre proportionnel de filles représenté par 837, ou ceux des Pyrénées-Orientales, de l'Hérault et du Doubs, où ce même nombre ne s'élève pas à 900, j'attribue à cette même influence les rapports qui ont placé dans la quatrième catégorie les départemens du Doubs, de la Meurthe, de la Meuse, de la Moselle et des Ardennes. On doit supposer ou reconnaître que les habitudes ont dû fixer dans les départemens frontières un grand nombre de militaires et qu'ils s'y sont établis. Nul doute enfin qu'on ne compte dans ces départemens, plus spécialement que dans les autres, beaucoup d'anciens militaires parmi les pères de famille.

Les résultats généraux de la quatrième catégorie sont :

1°. Total des naissances légitimes, 2,263,042; et des naissances hors mariage, 125,847.

2°. Rapport moyen des sexes dans les naissances légitimes, 925; dans les naissances hors mariage, 913.

3°. Rapport moyen des naissances légitimes aux naissances hors mariage :: 10,000 : 556.

4°. Rapport moyen des naissances légitimes aux mariages :: 1000 : 252.

Si l'on compare ensemble les quatre catégories, on voit

1°. Que les naissances légitimes y sont assez également réparties;

2°. Que le nombre relatif des naissances hors mariage, comparé à celui des naissances légitimes, décroît en allant de la première aux deuxième et troisième, qui en ce point sont à-peu-près sur une même ligne, et de celle-ci à la dernière;

3°. Que le nombre relatif des naissances légitimes, comparé à celui des mariages, est le moindre dans la première catégorie; le plus élevé dans la seconde par l'influence spéciale de l'Aveyron, de la Haute-Loire, des Côtes-du-Nord, du Finistère, de l'Hérault, de la Manche, de la Haute-Marne, des Hautes-Pyrénées, du Tarn et surtout par celle du Haut et du Bas-Rhin; et que ce nombre est égal dans les deux autres catégories.

Un fait remarquable trouve sa solution dans les solutions que je viens de donner.

M. Huffeland a observé, à Berlin, que chez les juifs il naissait plus de filles que de garçons. M. Gorcy, de Metz, dans l'intention de contredire l'observation de M. Huffeland, a fait faire des relevés des naissances juives, tant à Metz qu'à Bordeaux, il en est résulté, c'est de lui que je l'ai appris en 1825, la pleine confirmation de l'observation de M. Huffeland. Les juifs sont riches et ne travaillent ni la pierre, ni le fer, ni la terre : leur force motrice est moins développée que leur force intellectuelle, et ils ont plus de filles que de garçons.

Imprimerie de Madame HUZARD (née Vallat la Chapelle), rue de l'Éperon, n°. 7.

TABLE DES MATIÈRES.

FIN.